“十三五”职业教育系列教材

钳工基础实训

QIANGONG JICHU SHIXUN

主　编　景朝晖　黄友望
副主编　毛泽兴　姚绪旋
参　编　任　斌　周　成　尹　辉
主　审　赵福军

中国电力出版社
CHINA ELECTRIC POWER PRESS

内 容 提 要

本书主要介绍钳工基础知识和基本操作技能，结合具体实训项目指导学习者进行钳工完整工作过程训练，并对实训效果即时做出评价，着重培养学习者的动手能力和职业素养。全书共分为5章，主要内容包括目标要求、知识准备、制作扁尾锤、其他综合项目及实训成绩评定。其中，知识准备包括安全知识、钳工入门、量具与测量、划线、锯削、锉削、钻孔及锪孔、攻螺纹与套螺纹。书中以制作扁尾锤作为主要实训教学项目，提供详尽指导，分步骤配备检测评价表，工件制作完成后提供实训报告页。书中另提供难易不同的三个综合实训项目，供学习者根据自身实际情况自行选取训练。本书提供教学视频，学习者可使用手机读取二维码观看学习。

本书可作为高职高专院校钳工实训的教材，也可供相关专业技术人员参考使用。

图书在版编目（CIP）数据

钳工基础实训/景朝晖，黄友望主编．—北京：中国电力出版社，2020.7（2022.1重印）

“十三五”职业教育规划教材

ISBN 978-7-5198-4824-8

Ⅰ.①钳…　Ⅱ.①景…　②黄…　Ⅲ.①钳工—职业教育—教材　Ⅳ.①TG9

中国版本图书馆CIP数据核字（2020）第134025号

出版发行：中国电力出版社

地　　址：北京市东城区北京站西街19号（邮政编码100005）

网　　址：http：//www.cepp.sgcc.com.cn

责任编辑：周巧玲（010—63412539）

责任校对：黄　蓓　朱丽芳

装帧设计：郝晓燕

责任印制：吴　迪

印　　刷：北京九天鸿程印刷有限责任公司

版　　次：2020年7月第一版

印　　次：2022年1月北京第三次印刷

开　　本：787毫米×1092毫米　16开本

印　　张：7.75

字　　数：186千字

定　　价：38.00元

扫一扫

本书总码

前　言

金工实训是工科院校各专业重要的实践性教学环节，钳工基础实训是金工实训的基础部分，是一门培养钳工综合技能和职业素养的实训课程。

为满足当前社会需要并结合高职院校实际情况，本书编写团队以国家职业标准为依据，参照钳工初、中级工考核标准，编写了这本《钳工基础实训》教材，适用于高职院校各专业2周左右的钳工实训教学。

本书有以下特点：

（1）强调安全文明操作的重要性，将安全教育贯穿教学全过程。

（2）教学内容编排符合生产实际。教学内容的选取突出基础性和实用性，对錾削、铆接、刮削等内容不做介绍，相对延长了有效学习时间，为学习者牢固掌握钳工基本技能奠定基础。

（3）配备一定量的教学视频，对技术动作进行讲解和示范。

（4）以扁尾锤制作为载体，将专业知识学习融合到实训操作中，教、学、做一体。以完成实训项目、创造劳动成果的形式，实现学习者对钳工基础知识的学习和基本技能的训练。

（5）为学习者自主学习搭建环境平台。对扁尾锤制作提供详尽指导，包括识读工件图、制订加工工艺流程、任务准备、任务实施和总结评价，各加工步骤后均配有检测评价表，表中配有可操作的量化考核标准，便于学习者进行自学、自测、自评。书中提供实训报告页，供学习者在工件制作完成后进行总结。

（6）通过经历钳工完整工作过程的训练，培养学习者吃苦耐劳、精益求精的工作作风和严谨认真的科学态度，提高独立分析问题和解决问题的能力，增强创新意识，培养自我总结和提升的意识和能力。

（7）兼顾学习者的差异性和独特性。书中另提供V形铁块和钟表锤制作两个难易不同的综合实训项目，供学习者根据自身实际情况自行选取训练；书中的凹凸体锉配项目为参照国家职业技能鉴定钳工中级技能操作考核要求制订的内容，供有兴趣的学习者训练参考。

本书编写团队由6名专职教师（武汉电力职业技术学院景朝晖、黄友望、毛泽兴、姚绪旋、周成、尹辉）和1名企业兼职教师（国家能源集团荆门发电有限公司任斌）组成。由景朝晖、黄友望任主编，毛泽兴、姚绪旋任副主编。教学视频中技术动作的示范演示由黄友望、毛泽兴完成。

本书由保定电力职业技术学院赵福军主审，并提出了宝贵的意见和建议，在此深表感谢。在编写过程中，还得到了同行们的关心和大力支持，在此一并深致谢意。

限于编者水平，书中不足之处在所难免，敬请读者不吝赐教。编者联系邮箱：1151649547@qq. com。

编者

2020 年 6 月

目　录

1 钳工实训概述

1.1 钳工实训课程目标

钳工基础实训是一门培养钳工综合技能和职业素养的实训课程，根据各相关专业人才培养方案，学时安排一般为 2 周。

钳工实训不仅能使学习者掌握钳工的基本操作技能，更能培养学习者吃苦耐劳、精益求精的工作作风，严谨认真的科学态度，提高独立分析问题和解决问题的能力，增强创新意识，培养自我总结和提升的意识和能力。

钳工实训课程目标见表 1-1。

表 1-1　　钳工实训课程能力目标和素质目标

能力目标	1. 能识读工件图。 2. 能按图纸要求制订工件加工工艺流程。 3. 能按照钳工工艺规范正确选取和使用工具。 4. 能独立进行钳工基本技能（测量与划线、锯削、锉削、钻孔）操作，并完成简单工件加工。 5. 能进行工件质量检测分析。 6. 能撰写实训报告
素质目标	1. 树立安全意识，养成安全文明生产习惯。 2. 形成健康的情感、积极的学习态度和人生态度、正确的价值观。通过成功的技术工作收获与工件成果，感受技术产品及完成过程中内在的科学规律和技术美感，通过享受成功树立自信，从技术、组织、安全等各方面引导学习者形成健康的价值观。 3. 培养遵纪守法、团结协作的职业素养，勤俭节约、物尽其用的意识。 4. 培养严谨认真的科学态度，吃苦耐劳、精益求精的工作作风。 5. 培养分析及解决问题的能力。引导学习者结合实际，对客观问题进行分析并提出解决方案。 6. 培养创新意识和能力。鼓励学习者敢于提出新思路，勇于尝试新方法。 7. 培养学习者自我总结、提升的意识和能力。通过对实训过程中本人或团队其他成员经历的不同成功与失败的案例进行对比剖析，领悟并认识敬业耐劳、尊重规则、团队协作、崇尚卓越等职业道德与素质在个人职业发展和事业成功中的重要性，以及自我培养良好职业道德与注重日常职业素质养成的必要性

本书以扁尾锤制作为载体，以完成实训项目、创造劳动成果的形式，实现学习者对钳工基础知识的学习和基本技能的训练；通过经历安全知识学习、工件图分析、工艺方案设计、任务准备和实施、工件质量检测分析及实训报告撰写等钳工完整工作过程的训练，培养学习者良好的工作习惯和职业素养。此项目适用于学时安排为 2 周的大部分学习者。

针对学时只有 1 周且无学习基础的学习者，推荐通过学习制作 V 形铁块来进行钳工基本操作技能训练，初步培养学习者的动手能力和职业素养。

针对曾参加过技能高考、有一定基础的学习者，推荐增加难度稍大的钟表锤制作项目，以进一步提高钳工综合技能。书中还设计了锉配项目，该项目是技能比赛的常用题材，也是国家职业技能鉴定钳工中级技能操作考核内容，供有兴趣的学习者训练参考。

1.2 学习要求

钳工实习期间应遵循以下规定：

(1) 严格遵守实训室的规章制度和各项安全操作规程，养成安全文明生产习惯。

(2) 充分了解本实训项目各阶段的工作任务。

(3) 勤学苦练基本功。

(4) 制作工件时要耐心细致、精益求精。

(5) 主动认真地解决所遇到的技术、工艺和质量管理等方面的问题，学会根据学习过程的具体情况及时反思和总结。

(6) 主动参与团队各阶段的讨论，积极表达自己的观点和见解。

(7) 关心团队内每个成员的工作进展，积极配合团队内其他成员进行质量分析，注意工作过程的充分交流，全团队文明安全、保质保量地完成实训任务。

(8) 鼓励创新。鼓励提出技术与方法等各方面进一步改进的思路与具体方案。

(9) 遵守劳动纪律，保持环境整洁，下课离开前将桌面、抽屉、地面打扫干净。不在实训室内吃东西。

(10) 无故迟到3次或旷课1次，本次实训成绩不高于60分。

1.3 钳工实训时间安排

2周钳工实训的时间安排推荐见表1-2。

表1-2　2周钳工实训时间安排

<table>
<tr><th>序号</th><th>时间安排</th><th>学习内容</th><th>课时</th><th>教学组织形式</th></tr>
<tr><td>1</td><td>第一周周一上午</td><td>安全教育
钳工入门，量具与测量，划线，锯削</td><td>4</td><td>教师讲授并演示</td></tr>
<tr><td>2</td><td>第一周周一下午</td><td>锯削——练习</td><td>2</td><td>讲练结合</td></tr>
<tr><td>3</td><td>第一周周二上午</td><td>综合实训项目——制作扁尾锤
读图并制订工艺流程
步骤一　下料</td><td>2</td><td>教师讲授
团队协作完成</td></tr>
<tr><td rowspan="2">4</td><td>第一周周二上午</td><td rowspan="2">锯削作业</td><td>2</td><td rowspan="2">独立完成</td></tr>
<tr><td>第一周周二下午</td><td>2</td></tr>
<tr><td>5</td><td>第一周周三上午</td><td>锉削——理论讲解与演练</td><td>4</td><td>讲练结合</td></tr>
<tr><td>6</td><td>第一周周四全天</td><td>锉削作业</td><td>6</td><td>独立完成</td></tr>
<tr><td rowspan="2">7</td><td>第一周周五全天</td><td rowspan="2">步骤二　加工长方体</td><td rowspan="2">12</td><td rowspan="2">独立完成</td></tr>
<tr><td>第二周周一全天</td></tr>
<tr><td>8</td><td>第二周周二上午</td><td>钻孔——理论讲解与演练</td><td>2</td><td>讲练结合</td></tr>
</table>

续表

序号	时间安排	学习内容	课时	教学组织形式
9	第二周周二上午	步骤三　加工锤孔	2	独立完成
	第二周周二下午		2	
10	第二周周三上午	步骤四　加工锤头	4	独立完成
11	第二周周四全天	步骤五　加工锤尾 步骤六　精加工与砂光	6	独立完成
12	第二周周五上午	步骤六　精加工与砂光 质量分析，上交工件	2	独立完成 团队讨论，协作完成
13	第二周周五上午	清理工具，全面清扫实训场地	2	协作完成
14	第二周周五下午	撰写实训报告	2	独立完成
合计			56	

2 知 识 准 备

2.1 安 全 知 识

在实训过程中，如果实训人员缺乏一定的安全知识，很容易发生工伤事故。为保证实训人员的安全和健康，首先必须进行安全教育，确保实训中自身和他人的人身安全，学会在遇到危险时进行自救和救助他人。

2.1.1 安全常识

（一）机械操作安全常识

在使用机械的过程中，设备和作业场所的不安全状态、人的不安全行为都会使人处于被伤害的危险之中。为了防止和减少机械事故的发生，我们需要了解哪些机械是危险性较大的，机械的危险部位在哪里，不同运动状态的零部件有哪些危险，进而有针对性、有重点地采取安全防护措施，保障操作者的安全。

机械的危险包括旋转运动的危险、静止的危险及机械飞出物击伤的危险。

1. 旋转运动的危险

操作者因不慎接触到机械设备运动部分而导致伤残的例子很多，必须予以重视。女生的长发、长裙若卷进运行的机器中，后果不堪设想。应该将长发盘在工作帽里，穿工装、平底鞋。

旋转运动的危险，除包括上述卷进旋转机械部件的危险之外，还包括接触旋转刀具的危险，如钻头、砂轮等，如图 2-1 所示。

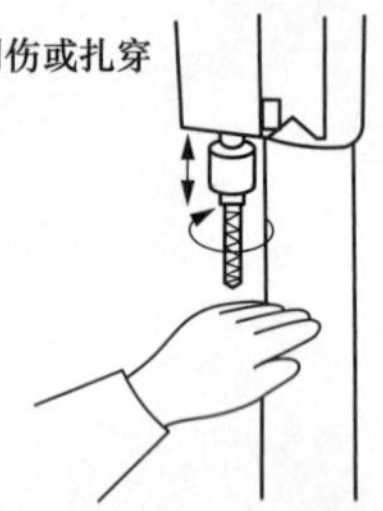

图 2-1 旋转运动的危险

2. 静止的危险

静止的危险部位，如设备上突出较长的手柄等，无论处于运动还是静止状态，都可能产生危险。

3. 机械飞出物击伤的危险

机械飞出物击伤的危险，如物件发生断裂、松动、脱落等，使失控的物件飞甩或反弹出去，对人造成伤害。钳工工作台上的安全防护网，就是为防止飞出物击伤对面工作人员而设置的。

不同的机械设备危险性大小不同，危险性大的设备也不是整个设备都具有危险性，应该具体分析并掌握机械设备中的危险部位，以及可能对人体造成的危害，加强安全防护。

另外，在钳工操作中，零件表面的毛刺、工件或废屑的锐边、粗糙的表面（如砂轮、毛坯）、切削刀具的锋刃等，这些由于形状产生的危险都会构成伤害，需要引起重视。

（二）物料搬运安全常识

物料搬运中，因不注意安全姿势和所搬物件的复杂性，未采用正确的方法，或过高估计了个人的能力而伤及腰、腿、膝、脚、手的情况颇为常见。

人力搬运应注意以下几点：

（1）要正确估计所搬物件的重量和自己的能力。有标签的通常都会在标签上注明物件重量，最好是看毛重，即连带包装箱的重量。若太大太重不便于人力搬运，最好采用其他搬运方式。一个普通人能安全地徒手短时间提举的物件最好不超过30kg。

（2）要注意个人防护，戴安全手套，穿合适的工装。如果搬运的是有毒或有腐蚀性的物料，应穿戴相应的防护用具，包括面罩和脚罩。

（3）提举前应找准物体中心，确定着手的位置后靠近物体，屈膝蹲下，用整个手部握紧而不是仅用手指，后脚用力蹬地，直立提起物体，平稳地向前移动。

（4）尽量借助一些工具，如撬杠、滚筒、绳索、千斤顶等。

（三）用电安全常识

用电方面常见的安全事故有触电和电气火灾及爆炸。

1. 常见安全事故

（1）触电。触电分电击和电伤两种。电击是指较高电压和较强电流通过人体，破坏心脏、肺部、中枢神经系统等的功能，严重者足以致命。电伤是指电弧烧伤、接触通过强电流发高热的导体引起热烫伤、电光性眼炎等局部性伤害。

一般人体电阻为1000～2000Ω，但在潮湿情况下阻值会减半。

在工频（50Hz）条件下，40～500mA电流通过人体0.1s就可能导致心室纤维颤动，有生命危险。

（2）电气火灾及爆炸。电气设备的过热、电火花和电弧常是导致电气火灾及爆炸的直接原因。

电气设备过热多由短路、过载、接触不良、铁芯发热、散热不够、长时间使用、严重漏电等引起。

2. 用电安全技术

（1）绝缘。绝缘是用绝缘物把带电体隔离起来。良好的绝缘是设备正常运行的必要条件，也是防止发生触电事故的重要措施。

（2）保护接地和接零。为了防止保护绝缘层损坏发生漏电，造成人身触电，必须装设保护接地或保安接零装置以保障人身安全。

（3）漏电保护装置。当设备或线路发生漏电性质的故障时（站立在地面上的人员触及带电体时，也会造成线路漏电），漏电保护装置能迅速切断故障点的电源，从而保证人身和设备的安全。通常用漏电保护开关（即触电保安器）来实现。

（4）安全电压。安全电压是指人体较长时间接触而不致发生触电危险的电压。在正常和故障情况下，任何两导体之间或一导体与地之间均不得超过（50～500Hz）有效值50V。

3. 脱离低压电源的方法

（1）拉闸断电。触电附近地点有电源开关或插座的，可立即断开开关或拔下插头，断开电源。

（2）切断电源线。如果触电附近没有或一时找不到电源开关或插座，则可用电工绝缘钳或干燥木柄铁锹、斧子等切断电线断开电流。

（3）用绝缘物品脱离电源。当电线或带电体搭落在触电人的身上或被压倒其在身下时，可用干燥的衣服、手套、绳索、木板、木棍等绝缘物品作为救护工具，挑开电线或拉开触电者，使之脱离电源。

（四）防火与灭火

1. 防火

（1）火的来源与类型。起火有三个条件——有可燃物、助燃物和点火源，三者缺一不可。

燃烧有着火、自燃和闪燃三种类型。着火是可燃物受到外界火源的直接点燃而开始的。自燃是没有受到外界火源的直接点燃而自行燃烧的现象，如黄磷在34℃的空气中就能自燃。闪燃是当火焰或炽热物体接近有一定温度的易燃和可燃液体时，其液面上的蒸汽与空气的混合物会发生一闪即灭的燃烧现象。

（2）防火措施。

1）尽可能清除一切不必要的可燃物品。对易燃气体和液体要特别注意。

2）在有易燃物品存放的地方严禁吸烟。

3）在有易燃物品的场所，不能用铁制工具，不能穿钉鞋和化纤服装，以防产生火花。

4）打开装有易燃液体的容器时，应使用不会产生火花的安全工具。

5）搬运装有易燃易爆气体及液体的金属瓶时，不准拖拉及滚动，不能产生撞击及振动。

6）衣服上溅上易燃液体时，应远离点火源，立即洗掉。

7）各类运动机件应保持良好的润滑，松紧适当，防止产生摩擦碰撞，以免引起火花。

8）各类电气设备及其线路应严格遵守用电安全规定，防止过热而产生电弧与火花。

9）所有厂房、车间均应贴有防火标志，并严格遵守。如遇可燃气体管道泄漏而着火，应先关闭有关阀门，再行灭火。

2. 灭火

灭火的方法有冷却法、窒息法、隔离法和化学抑制法四种。冷却法一般用水冷。窒息法是用难燃物料覆盖火场，阻止空气流入。隔离法是将可燃物搬开的方法。化学抑制法是加入化学物料直接参与燃烧化学反应，使燃烧赖以持续的游离基消失，进而灭火，如干粉灭火剂。

2.1.2 钳工实训管理

在钳工车间实训，实训人员规范着装和对钳工工具、设备进行规范操作是保证人身安全的前提，也是实训顺利进行的重要保证。各位实训人员务必认真学习并严格遵守相关规章制度及各项安全操作规程，确保人身安全和设备的正常使用。

在钳工实训现场应遵守现代企业管理制度，保证工作环境整洁舒适，维持良好的工作秩序和严明的工作纪律，以提高学习效率，保证学习效果。同时应减少浪费，节约物料成本和时间成本。

（一）整理

对实训室内的设备、工具和毛坯材料等物品进行整理。

（1）材料要在指定位置整齐放置，废料要存放到废料箱。

（2）工具要分类归整，安放在规定区域，摆放整齐。

（3）使用完毕的工具应及时归位，有序存放。

（二）整顿

对实训室内不同区域的设备、工具和材料等进行管理与维护。

（1）各位实训人员负责本人固定工位设施设备的管理与维护，保持工位清洁，工具应定位摆放整齐，做到随用随拿，用后归位。

（2）划线平板周围要保持整洁，禁止堆放物件。

（三）清扫

按时清扫实训室内各区域。

（1）每天上午和下午实训结束时，各位实训人员应仔细清扫本人工位，将台虎钳的钳口自然合拢，手柄回转一圈后垂直朝下；同时整理工具和材料等实训物品，按规定摆放整齐；实训中产生的废料、切屑等废弃物，投放到指定位置。

（2）每天上午和下午实训结束时，值日人员应做好实训室的公共卫生，清扫工作场地，清理划线平板，整理实训物品。

（四）清洁

坚持规范，养成习惯。

（1）保持实训室整体环境整洁。

（2）定时保养划线平板、钻床、台虎钳，保证使用性能。

（3）养成良好卫生习惯，不乱扔垃圾。

（五）素养

培养职业素养，提高整体素质。

（1）始终注重安全知识学习和安全意识培养。

（2）遵守纪律。实训期间以 2 节课为单位，不迟到、早退；除休息时间外，严禁个人出入；实训室内不大声喧哗、打闹、吃食物、喝饮料。

（3）不随意调整工位或换用工具；实训室内的工具和原材料不得私自带走。

（4）要树立积极正确、严谨务实的实训态度，认真学习基本知识，刻苦训练操作技能；要发扬吃苦耐劳、顽强拼搏、一丝不苟、精益求精的精神。

（5）在完成实训任务的过程中，要积极思考、善于动脑、勇于创新、团结协作、互相交流，切忌蛮干与误操作。

（六）安全

树立安全意识，养成安全文明的生产习惯。

（1）进入实训场地前，应穿好工作服，严禁穿拖鞋，长发女生要盘发戴工作帽。

（2）每日实训开始时要先参加安全晨会教育。

（3）不擅自动用不熟悉的工具和设备，以防损坏或发生事故。

（4）使用设备前，应做好用前检查，并在教师的监护下正确使用。

（5）加工中产生的铁屑应用毛刷清扫，不可直接用手清除，更不能用嘴吹，以免割伤手指和屑末飞入眼睛。

（6）清洗设备时，不使用挥发性强的可燃液体，如汽油、酒精等，必要时应有防火措施。

（7）使用电气设备时应严格遵守操作规程，防止触电，用后应及时断电。如果发现有人触电，不要慌乱，不可直接接触，立即切断电源进行抢救。

（8）发生人身及设备事故时，应及时报告老师处理，不得隐瞒，以防事故扩大造成严重后果。

（9）下课把好五关——关门、关窗、关水、关灯、断电，做好安全防范。

（七）节约

勤俭节约，爱护公物。

（1）合理利用材料，不浪费。

（2）工具使用正确，尽量延长使用寿命。

（3）有效利用时间，提高学习效率。

2.2 钳 工 入 门

2.2.1 概述

钳工是以手工工具为主，多在台虎钳上对金属材料进行加工，完成零件制作、设备装配、调试及修理的工种。

钳工所用工具简单，加工多样灵活，操作方便，适应面广。目前虽然有各种先进的加工方法，但很多工作仍然需要由钳工通过手工操作来完成。在设备的制造和安装、调试和检修中，钳工仍起着十分重要的作用，是工业生产中不可缺少的重要工种之一。

钳工基本操作技能主要包括测量、划线、锯削、锉削、钻孔、攻螺纹和套螺纹等（见图 2-2）。

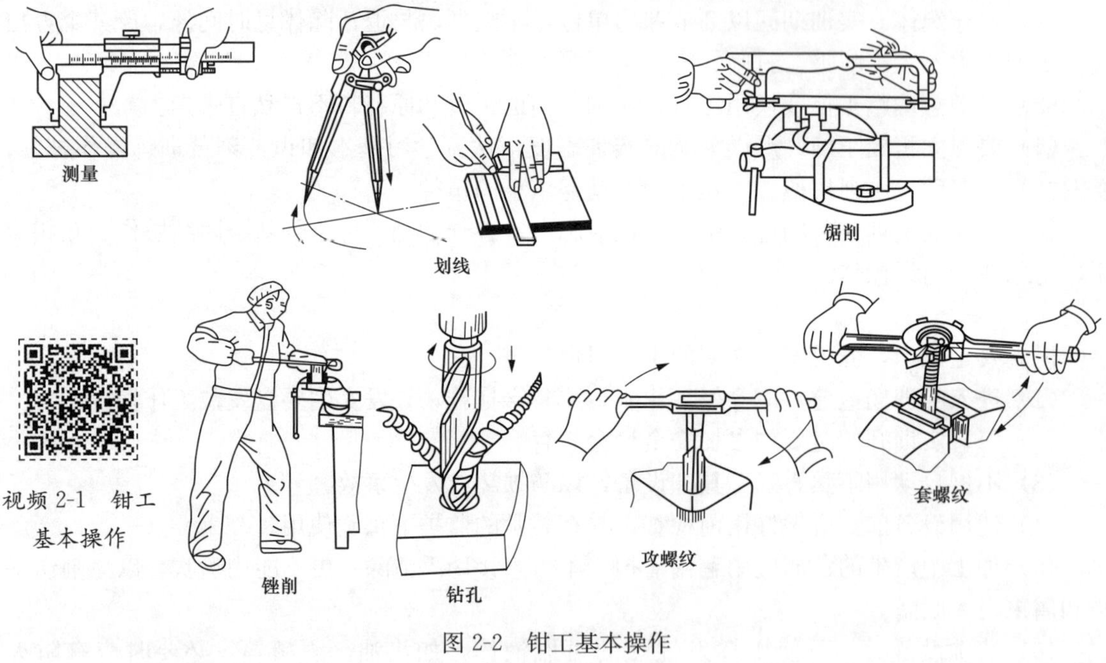

视频 2-1 钳工基本操作

图 2-2 钳工基本操作

钳工各项技能的学习掌握具有一定的相互依赖关系，我们必须循序渐进，由易到难，由简单到复杂，一步一步地按要求掌握每项操作。

2.2.2 钳工常用工具和设备

（一）钳工常用工具

钳工操作中常用的工具很多，根据其作用不同，通常可分为测量工具、切削工具、划线工具和辅助工具四类。

测量工具是用于测量工件尺寸、角度及形状的工具，常用的有钢直尺、刀口形直尺、90°角尺、游标卡尺、游标高度尺、外径千分尺、万能角度尺等，如图 2-3 所示。

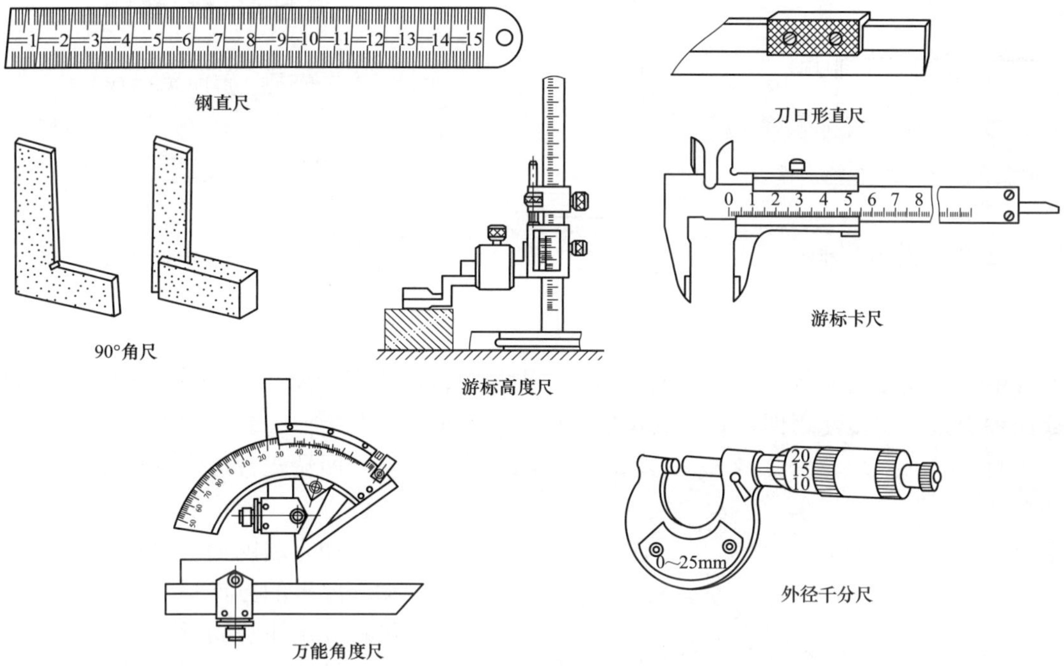

图 2-3 测量工具

切削工具是用于切削操作中的工具，常用的有手锯、锉刀、钻头、丝锥、板牙等，如图 2-4 所示。

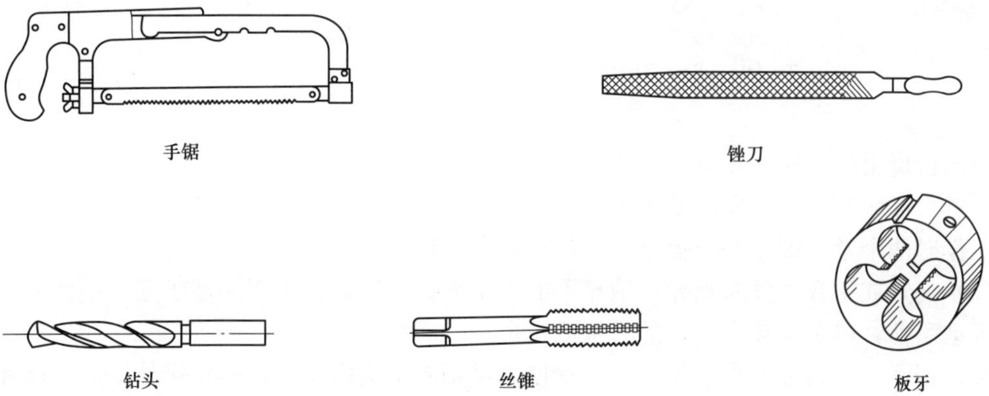

图 2-4 切削工具

划线工具是在工件表面上划加工线的工具，常用的有划针、划规、钢直尺、游标高度尺、样冲等，如图 2-5 所示。

辅助工具是用来辅助钳工操作的工具，常用的有台虎钳、锤子、铰杠、板牙架、扳手、一字旋具等，如图 2-6 所示。

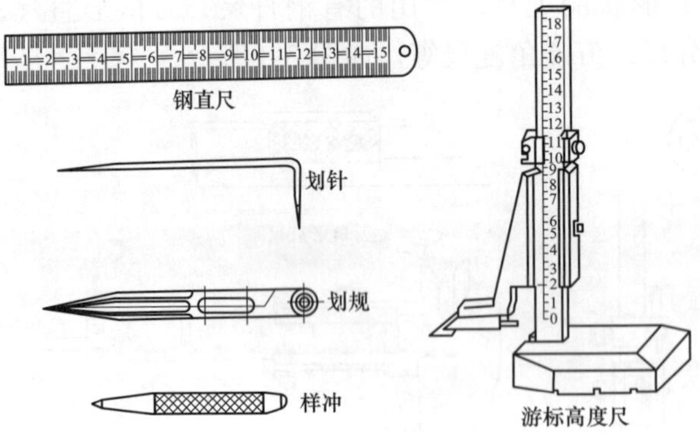

图 2-5　划线工具

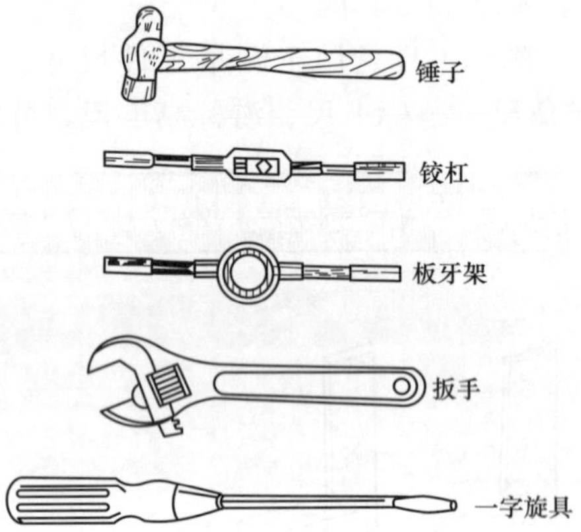

图 2-6　辅助工具

其中，台虎钳是安装在钳工台上、用钳口夹持工件的工具。常用的台虎钳有固定式和回转式两种类型，现多使用回转式，其构造如图 2-7 所示。

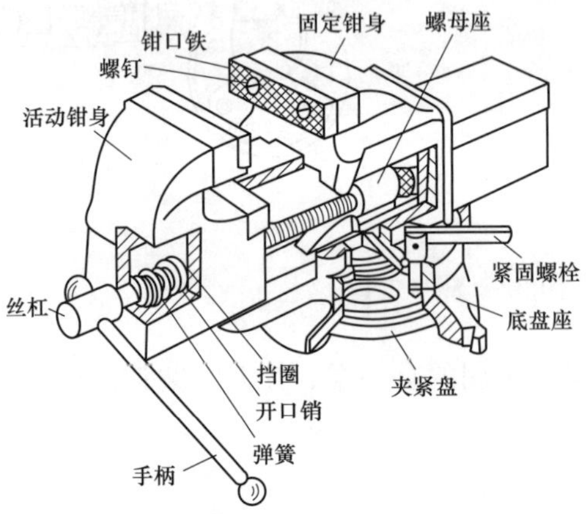

视频2-2　认识回转式台虎钳

图 2-7　回转式台虎钳结构

回转式台虎钳的固定钳身装在底盘座上，能绕底盘座的轴心线进行转动，两侧面有紧固螺栓，当转动到要求的方向后，扳动紧固螺栓可将固定钳身固紧。

摇动手柄可以使丝杠旋转，带动活动钳身相对于固定钳身做进退移动。顺时针旋转手柄，可使台虎钳的钳口合拢，以夹紧工件，逆时针旋转则可使钳口张开，以松开工件。

台虎钳规格通常以钳口的宽度来表示。

使用台虎钳时，应注意下列事项：

（1）台虎钳在钳台上安装要牢固，使用前应先检查台虎钳的底盘是否固定，丝杠是否灵活。工作时两个紧固螺栓必须扳紧，保证钳身没有松动现象。

（2）夹紧或松开工件时只允许依靠手的力量来扳动手柄，不得用锤子敲击手柄或套上长管子扳动手柄，以免损坏台虎钳的丝杠或螺母。

（3）用锤子进行强力作业时，应尽量使力量朝向固定钳身；否则将额外增加丝杠和螺母的受力，造成螺纹损坏，严重时将折断螺母，使台虎钳不能正常使用。

（4）螺母、丝杠及滑动表面应该经常清理污物，加润滑油，保证台虎钳清洁，使用灵活。

(5) 台虎钳使用完后用毛刷清扫干净，钳口自然合拢，手柄回转一圈后垂直向下。

(二) 钳工常用设备

钳工基本工作的常用设备有钳工工作台、钻床、砂轮机等。

1. 钳工工作台

钳工工作台是钳工操作专用的台子（见图 2-8)，用来安装台虎钳、放置工具和工件等，有一人用和多人用两种。

钳工台要求平稳、结实，台面高度一般以装上台虎钳后钳口高度刚好与人的肘部平齐为宜。多人用工作台上必须设置安全网。

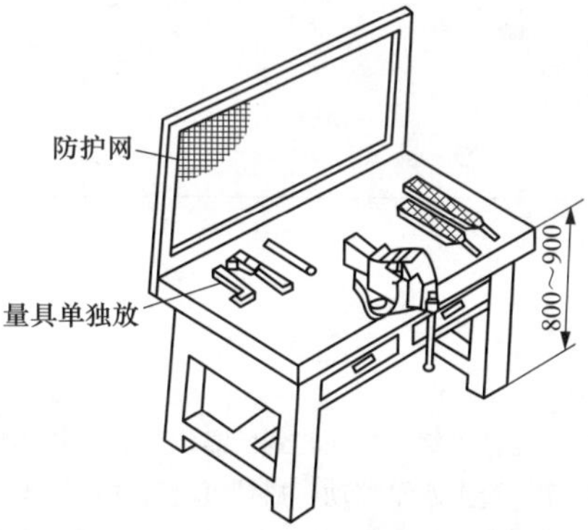

(a) 钳工工作台

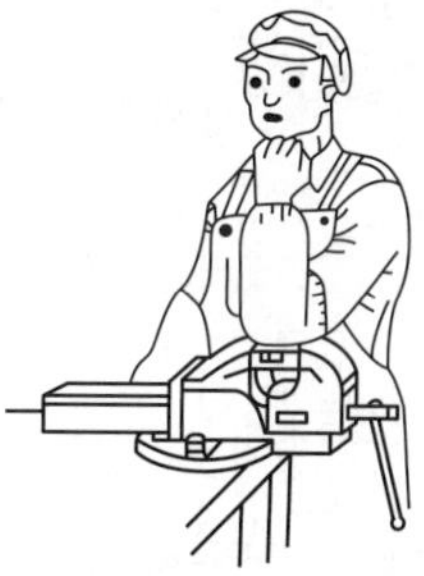

(b) 台虎钳的合适高度

图 2-8 钳工工作台及台虎钳的合适高度

2. 钻床

钻床是主要用来加工各类圆孔的设备。常用的钻床有台式钻床、立式钻床和摇臂钻床，见表 2-1。

表 2-1 钻床

名称	结构简图	简介
台式钻床	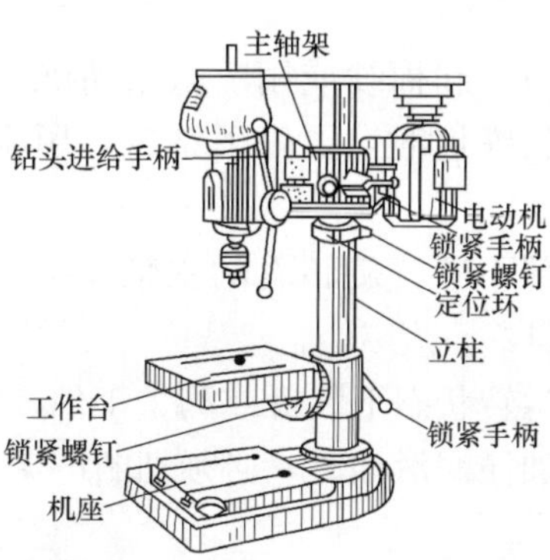	台式钻床是一种安装在专用工作台上使用的小型钻床。重量轻，体积小巧，操作简便，适用于加工小型零件上的小孔，其主轴进给是手动的，由转动进给手柄实现

续表

名称	结构简图	简介
立式钻床	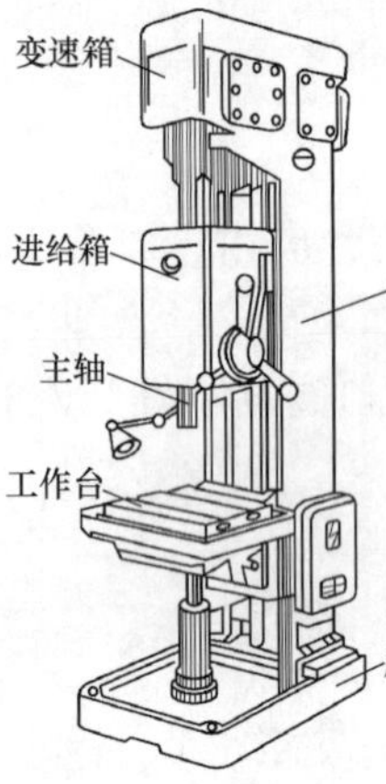	与台式钻床相比，立式钻床刚性好，功率大，允许采用较高的切削用量，生产效率高，加工精度也高。立式钻床主轴的转速和走刀量变化范围大，而且可以自动走刀，因此可适应不同的刀具进行多种加工。适用于单件、小批量生产中的中、小型零件的加工
摇臂钻床	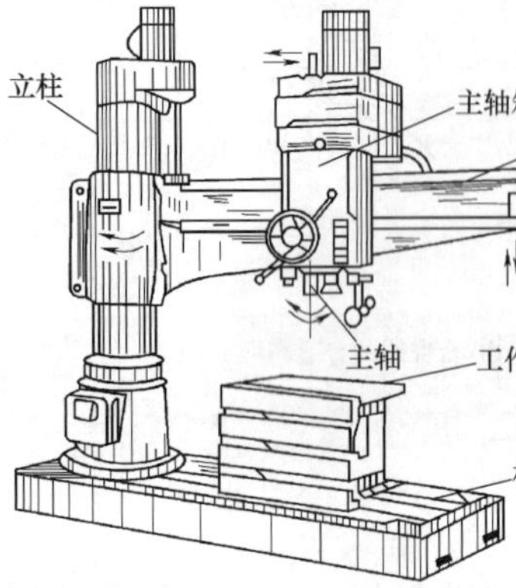	摇臂可绕立柱回转到所需位置后重新锁定，主轴箱带着主轴可在摇臂上水平移动，摇臂可沿着立柱做上下调整运动。它可以自动，也可以手动。用于大型工件、多孔工件上的大、中、小孔加工，用于单件和成批生产

使用钻床时，应注意下列事项：

(1) 操作钻床时不可戴手套，袖口必须扎紧，长发女生必须戴工作帽。

(2) 工件必须夹紧，孔将钻穿时应尽量减小进给量。

(3) 开动钻床前，应检查是否有钻夹头钥匙插在钻夹头上。

(4) 钻孔时不可用手和棉纱或用嘴吹来清除铁屑，必须用毛刷清除。钻出长铁屑时，要停下钻床，用刷子或铁钩将铁屑清除。

(5) 操作者的头部不准与旋转着的主轴靠得太近，严禁用手触摸旋转的刀具。

(6) 严禁在钻床运转状态下装拆或测量工件。

(7) 清洁钻床或加注润滑油时，必须切断电源。

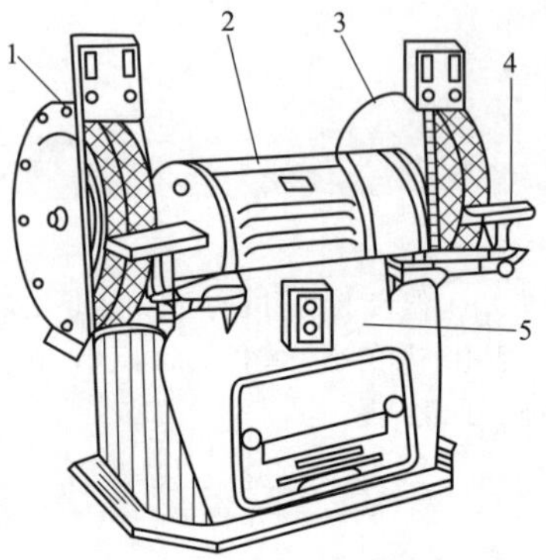

图 2-9 砂轮机

1—砂轮；2—电动机；3—防护罩；4—托架；5—砂轮机座

3. 砂轮机

砂轮机是用来刃磨各种刀具和工具的常用设备，如修磨钻头、划针、划规、样冲等，如图 2-9 所示。

砂轮质地硬而脆，工作时转速较高，因此使用砂轮机时应严格遵守安全操作规程，防止发生事故。

（1）使用前先检查砂轮有无裂纹，防护罩是否齐全。

（2）工作前穿好工作服，戴好防护眼镜。

（3）砂轮机启动后，应先空转，待砂轮达到正常运转速度时才可进行磨削操作。

（4）砂轮的旋转方向要正确，只能使磨屑向下飞离砂轮。

（5）操作者应站在砂轮的侧面或斜侧位置，不得站在砂轮的对面，以防伤人。

2.3 量具与测量

2.3.1 概述

钳工在制作零件、检修设备、安装和调试等各项工作中，都需要用量具来检查加工质量是否符合要求。技术测量是确保工件加工质量的重要技术手段，主要包括工件加工精度及表面粗糙度的几何参数测量。

量具是以固定形式复现量值的计量器具。钳工操作中，常用量具来测量工件的尺寸、几何形状和相互位置，被测量的参数主要有尺寸、角度、平面度、平行度、垂直度等。

根据对工件的精度要求不同，钳工常用量具一般分为普通量具和精密量具两种。普通量具的测量精度较低，如钢直尺、刀口形直尺、90°角尺等；精密量具的测量精度较高，如游标卡尺、游标高度尺、千分尺、百分表、万能量角器、水平仪等。

（一）*尺寸精度*

尺寸精度是加工后零件的实际尺寸与理想尺寸相接近的程度。

尺寸精度用尺寸公差来控制。尺寸公差是加工时零件尺寸允许的变动量，在公称尺寸相同的情况下，尺寸公差越大，则尺寸精度越低。国家标准将标准公差分为 20 个等级，从 IT01、IT0、IT1、IT2、…、IT18，其中，IT01 最高，依次降低，IT18 最低。公差等级（加工精度）越低，尺寸允许的变动范围（公差数字）越大，加工难度越小。

某工件的零件图中扁尾锤外形总长尺寸标注为 107±0.5，表示扁尾锤外形总长理想尺寸为 107mm，最小极限尺寸为 107－0.5＝106.5（mm），最大极限尺寸为 107＋0.5＝107.5（mm），实测尺寸若在 106.5～107.5mm 范围内则均为合格，若超出这个范围，工件就不合格。

（二）*几何精度*

几何精度是加工后零件的实际几何形体与理想几何形体相接近的程度。

几何精度用几何公差来控制，几何公差分形状公差、方向公差、位置公差和跳动公差四种。表 2-2 为常见几何公差的项目和符号。

例如，某工件的零件图中箭头所指扁尾锤锤尾斜平面，图中标注为 ⊥ 0.1 *A*，表示该平面相对于基准面 *A* 面的垂直度误差允许值为 0.1mm；箭头所指扁尾锤一侧平面，图中标注为 // 0.1 *A*，表示该平面相对于基准面 *A* 面的平行度误差允许值为 0.1mm。

（三）*表面粗糙度*

工件在加工过程中，表面不可能绝对光滑。表面粗糙度是加工表面上具有较小间距和峰

表 2-2　　几何公差特征项目符号（摘自 GB/T 1182—2018）

公差类型	特征项目	符号	公差类型	特征项目	符号
形状公差（无基准）	直线度	⏤	位置公差（有基准）	位置度	⌖
	平面度	⏥		同心度	◎
	圆度	○		同轴度	◎
	圆柱度	⌭		对称度	⌯
	线轮廓度	⌒		线轮廓度	⌒
	面轮廓度	⌓		面轮廓度	⌓
方向公差（有基准）	平行度	∥	跳动公差（有基准）	圆跳动	↗
	垂直度	⊥			
	倾斜度	∠			
	线轮廓度	⌒		全跳动	⌰
	面轮廓度	⌓			

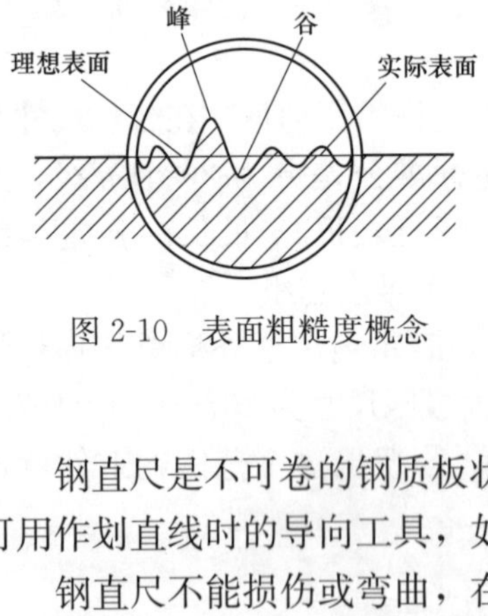

图 2-10　表面粗糙度概念

谷所组成的微观几何形状特征，如图 2-10 所示。其两波峰或两波谷之间的距离（波距）很小（在 1mm 以下），它属于微观几何形状误差。表面粗糙度越小，则表面越光滑。

常用标注采用 *Ra* 表示，例如要求为全部外表面的表面粗糙度为 $Ra\,3.2\mu$m。

2.3.2　钳工常用普通量具

（一）钢直尺

钢直尺是不可卷的钢质板状量尺，主要在测量精度要求不高时量取尺寸、测量工件，也可用作划直线时的导向工具，如图 2-11 所示。

钢直尺不能损伤或弯曲，在使用前应先检查是否有损坏，端线与零线是否重合，与边长是否垂直。读数时，测量人员的视线应与尺面垂直。

使用钢直尺测量尺寸时，为使钢直尺稳妥放置，握尺的手必须靠近工件，拇指贴靠在工件上，保持钢直尺稳定，不使其摆动和歪斜，如图 2-11（b）所示。如果零线不清楚或有损伤时，可以用 10mm 刻度线作为起点。

（二）刀口形直尺

刀口形直尺是用光隙法检验直线度和平面度的量尺，如图 2-12 所示。

1. 用刀口形直尺检验直线度

直线度是指实际直线偏离于几何学正直线的允许值。检验直线度时，先将刀口形直尺的

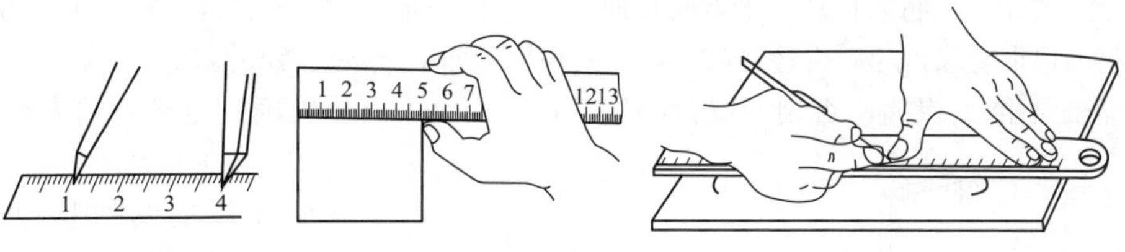

(a) 量取尺寸　(b) 测量工件　(c) 划直线

图 2-11 钢直尺的使用

刀口紧贴工件被检测的直线，然后在明亮而均匀的光源照射下观察漏光缝隙大小，判断直线是否平直，如图 2-13 所示。若看见的是一根均匀而纤细的亮光，则该直线是平直的；若不平直，则最大缝隙值即为直线度误差。

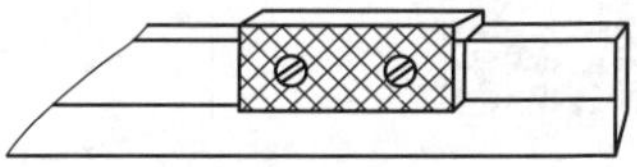

图 2-12 刀口形直尺

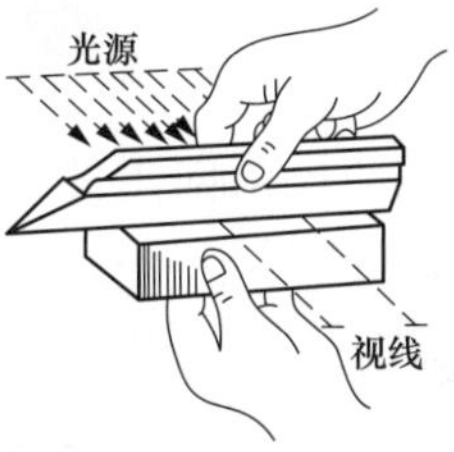

(a) 检验方法

视频 2-3 刀口形直尺使用演示

正确　凸形　凹形　波浪形

(b) 判断方法

图 2-13 用刀口形直尺检验直线度

2. 用刀口形直尺检验平面度

平面度是指实际平面偏离于几何学正平面的允许值。检验工件表面的平面度时，可用刀口形直尺沿工件表面的横向、纵向和两对角线方向进行多方向、多位置检查，观察其透光情况，如图 2-14 所示。当全部接触表面均能透过均匀微弱的光线时，该平面是平直的；若不平直，则其中的最大缝隙值即为平面度误差。

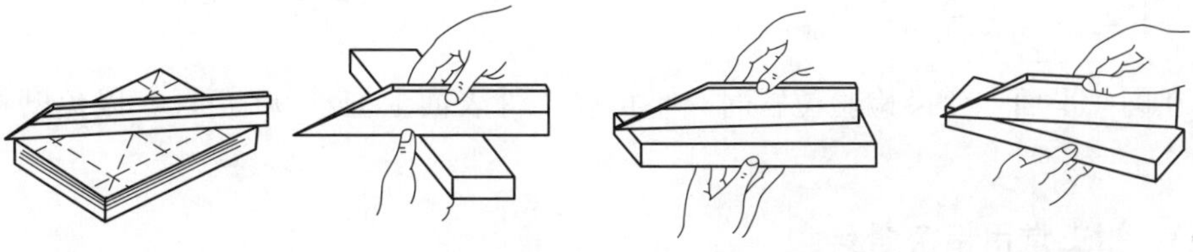

(a) 检验部位　(b) 横向检验　(c) 纵向检验　(d) 对角线方向检验

图 2-14 用刀口形直尺检测平面度

在检验过程中，当将刀口从一个方向转换到另一个方向，或从一个加工面转换到另一个加工面时，应将刀口形直尺提起后再轻轻放下，不要在加工面上直接旋转和拖动，以免磨损刀口。

被检表面不能太粗糙，否则不仅会磨损刀口，而且不容易准确判定光隙的大小。

（三）90°角尺

90°角尺的两边长短不同，较长的边称为尺苗，较短的边称为尺座，尺苗和尺座相互垂直。90°角尺分整体式和组合式两种，如图 2-15 所示。

90°角尺可用来检验工件单个平面的平面度及相邻两个表面的垂直度，还可用来划平行线或垂直线。

视频2-4 90°角尺使用演示

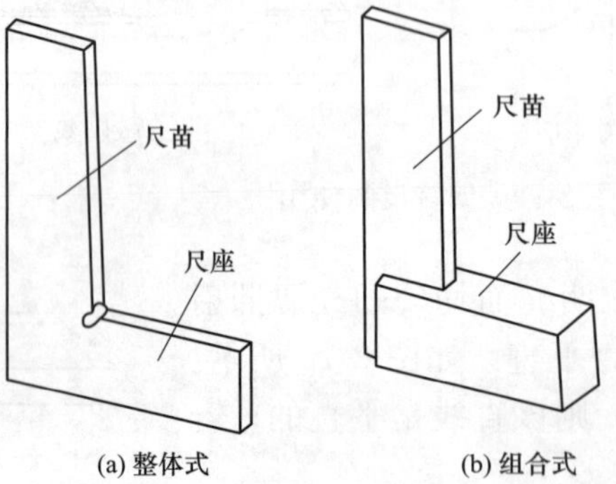

(a) 整体式 (b) 组合式

图 2-15 90°角尺

在进行垂直度检验时，先将尺座一面紧贴工件基准面，再移动 90°角尺使尺苗向工件另一面靠拢，目光平视观察尺苗与工件贴合处的透光是否均匀，以此来判断工件两邻面是否垂直，如图 2-16（a）所示。

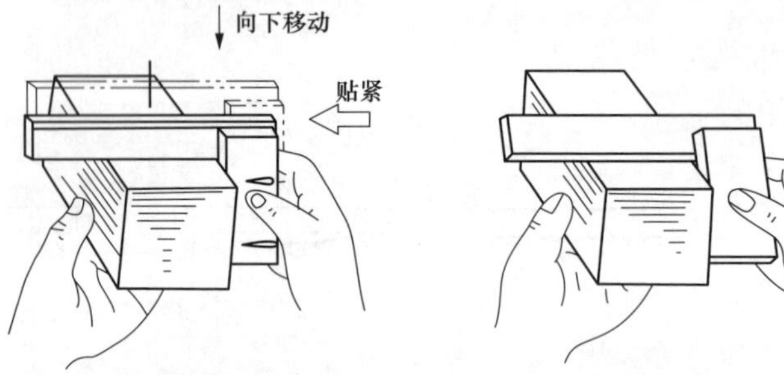

(a) 正确 (b) 错误

图 2-16 用 90°角尺检查工件垂直度

检验垂直度时应注意以下几点：

（1）检验之前，应先用锉刀去除工件棱边上的毛刺，如图 2-17 所示。

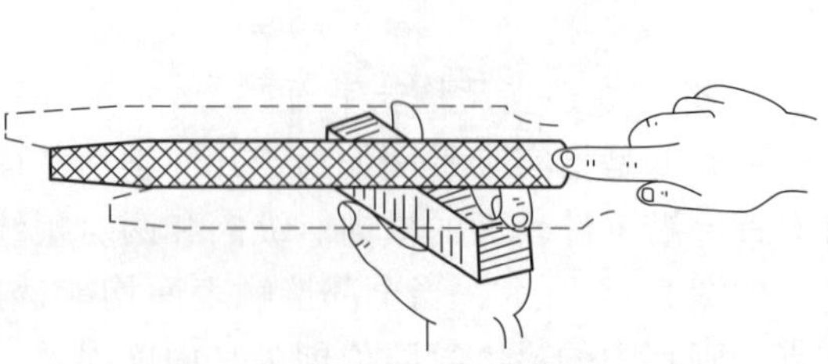

图 2-17 去毛刺方法

（2）检验过程中，90°角尺尺座与工件基准面必须始终保持紧贴；同时应注意 90°角尺不可歪斜。图 2-16（b）所示为不正确的测量方法。

（3）在同一平面上变换检验位置时，不可在工件表面上拖动 90°角尺，以免磨损，影响其精度。

2.3.3 钳工常用精密量具

（一）游标卡尺

游标卡尺（见图 2-18）是精密量具，结构简单，测量范围大，用途广泛，保养方便。

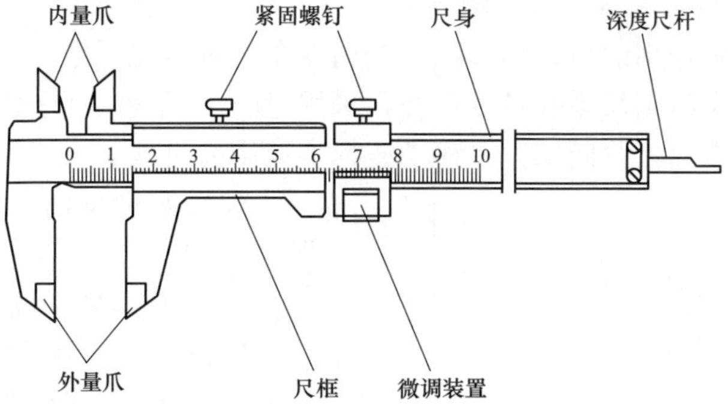

图 2-18　游标卡尺结构

游标卡尺的读数精度是利用主尺每小格和游标副尺每小格的距离之差来确定的。常用的游标卡尺的读数精度为 0.02mm。

1. 游标卡尺的刻线原理

主格上每一小格为 1mm，每一大格为 10mm。当两量爪合并时，副尺上的 50 格对正主尺上的 49 格，即主尺上 49mm 在副尺上被均匀地分为 50 格，因此，主尺与副尺每格相差 1－49/50＝0.02（mm），所以这种游标卡尺的测量精度为 0.02mm。

2. 游标卡尺的读数方法

读数时，将副尺零线左边主尺上的毫米整数值，加上副尺上与主尺对齐的那一格的格数乘以 0.02 即可。

下面以图 2-19 所示对齐线为例进行说明，读数方法见表 2-3。

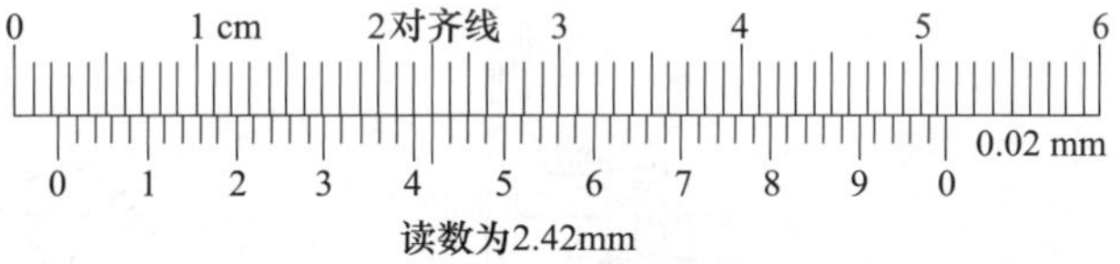

图 2-19　游标卡尺读数示例

表 2-3　　游标卡尺读数方法

读数步骤	读数方法	读数结果
第一步：先读整数	在主尺上读整数。即副尺零线所对应的主尺左边最近的一条刻度线作为读数的整数部分。 图中副尺零线指向主尺上的 2mm 和 3mm 之间，说明读数的整数部分为 2mm	整数部分读数为 2mm
第二步：再读小数	利用副尺读小数。即找准副尺上哪根刻度线与主尺刻度线对齐重合最好。 图中对齐线位于副尺 4 和 5 之间，说明读数的小数部分介于 0.4mm 和 0.5mm 之间；副尺上 4 和 5 之间被等分为五份，此对齐线是其中的第一根线，则说明读数的小数部分为 0.42mm	小数部分读数为 0.42mm
第三步：最终读数	最终读数为整数部分＋小数部分	2＋0.42＝2.42（mm）

3. 游标卡尺的使用注意事项及保养方法

（1）使用前，应做好用前检查和校验。先用软布将量爪擦干净，使其并拢，检查游标卡尺有无缺陷，例如主尺与副尺零线是否对齐，采用光隙法观察内外卡角是否贴合紧密等。

（2）测量时，应先拧松紧固螺钉，移动游标不能用力过猛。

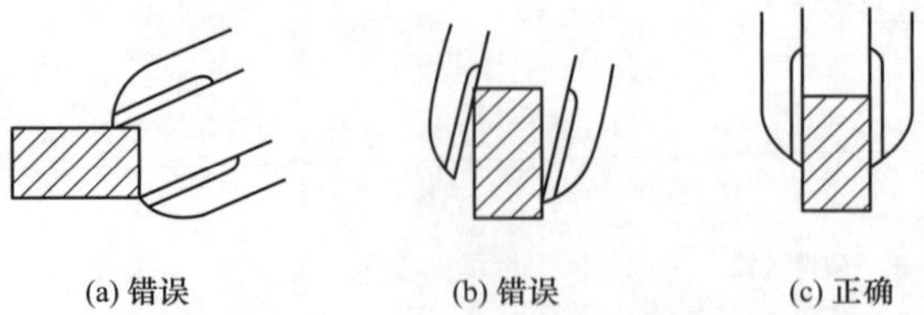

图 2-20　游标卡尺的使用

（3）两量爪与待测物应接触正确，如图 2-20 所示。

（4）读数时，视线应与尺面垂直。如需固定读数，可用紧固螺钉将游标固定在尺身上，防止滑动。

（5）实际测量时，对同一长度应多测几次，取其平均值来消除偶然误差。

（6）不能把量爪当划针或一字旋具使用。

（7）不要和工具堆放在一起，不要敲打。

（8）游标卡尺要平放。

（9）用后擦净上油，放入专用盒内。

（二）游标高度尺

游标高度尺的结构如图 2-21（a）所示。

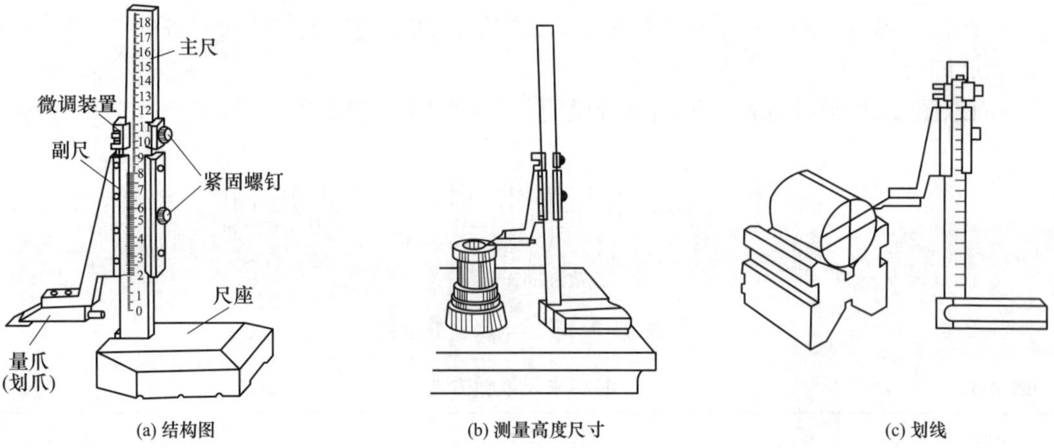

图 2-21　游标高度尺

游标高度尺的刻线原理和游标卡尺相同，它既能测量工件的高度，如图 2-21（b）所示，还附有划爪，可用于精密划线，如图 2-21（c）所示。

用游标高度尺测量工件高度尺寸时，先将工件和游标高度尺安放在平板上，将游标调到高于工件尺寸的任一位置，再将游标慢慢下移，使量爪接触工件顶部即可。

（三）外径千分尺

千分尺是利用螺旋测微原理制成的精密量具，测量精度达 0.01mm，比游标卡尺更精密，且测量灵活。

外径千分尺常用来测量工件的外径及厚度、长度尺寸，其结构如图 2-22 所示。

外径千分尺的刻线原理和读数方法与游标卡尺相似。读数时先读整数，再读小数，两者

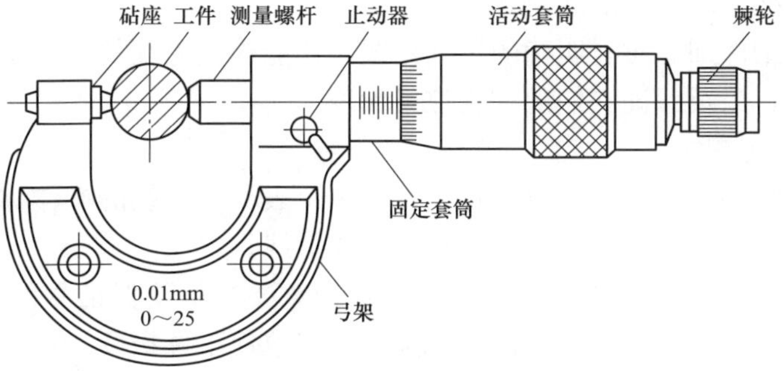

图 2-22 外径千分尺结构

相加即得被测数值。使用前应注意做好用前检查和校验。

（四）万能角度尺

万能角度尺是利用游标读数原理来测量工件角度或进行角度划线的角度量具，如图 2-23 所示。

其读数方法与游标卡尺相似，先读出游标零线前的角度值，再从游标上读出角度“分”的数值，两者相加即为被测零件的角度数值。

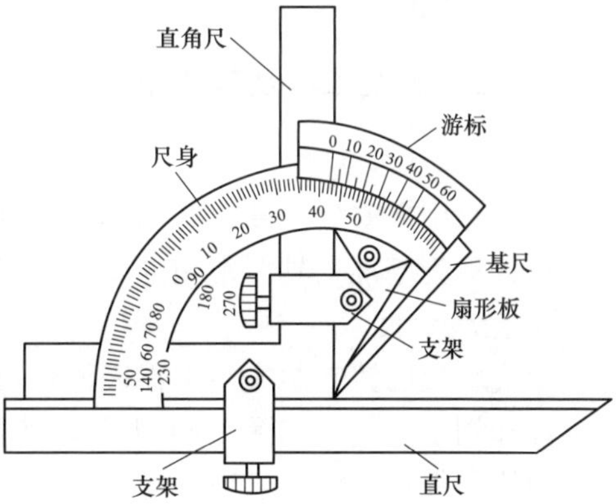

图 2-23 万能角度尺

2.3.4 量具护养

为保证量具精度及延长量具使用寿命，除了要按照正确的使用方法进行测量之外，还必须做好量具的维护和保养工作。在使用和保管量具时，必须遵循以下要求：

（1）测量工件前，应先做好量具的用前检查和校验。认真检查量具是否符合使用要求，将量具的测量面和工件的被测量面都擦拭干净，以免脏物影响测量的精确度和加快量具的磨损。

（2）测量时，不可用力过大，推力过猛，以免损坏量具。

（3）不能用精密量具检测粗糙和锈蚀工件。

（4）不能用精密量具测量还在转动或高温的工件。

（5）量具在使用过程中，不要和工具等堆放在一起，以免碰伤量具。

（6）量具要轻拿轻放，使用完后要擦净涂油，置于专用盒套中保存。

（7）对量具进行清洗和涂油保护时，必须使用清洁的油质。

（8）量具是测量工具，不能作为其他工具的代用品。例如，用游标卡尺划线，用钢直尺当一字旋具旋螺钉，用钢直尺清理切屑等，都会直接导致量具损坏。

2.4 划 线

2.4.1 概述

1. 划线的概念及作用

划线是在毛坯或工件上用划线工具划出待加工部位的轮廓线或作为基准的点、线的操作，是钳工需要掌握的基本技能之一。

划线不仅能使工件加工时有明确的尺寸界线，还能检查毛坯的尺寸是否合格，分配毛坯各加工表面的余量，以及保证它们的相互位置精度。

2. 划线的分类及要求

划线分平面划线和立体划线。只需在工件的一个表面上划线的操作称为平面划线；同时在工件几个不同方向的表面上划线的操作称为立体划线。

划线时除了要求划出的线条清晰均匀以外，最重要的是要保证划线位置准确、尺寸准确。如果将线划错或精度太低，都可能造成加工错误致使工件报废。

由于划出的线条总有一定的宽度，在使用工具和量取尺寸时也难免存在一定误差，因此不可能达到绝对准确，一般划线精度要求在 0.25～0.5mm 范围内。

通常不能依靠划线来直接确定加工的最终尺寸，加工后仍要通过测量来确定工件尺寸是否达到了图纸的要求。

2.4.2 划线工具及其使用

（一）基准工具

划线时用来安放工件，利用其尺寸和几何精度较高的表面作为引导划线并控制划线质量的工具，称为基准工具。常用的基准工具有划线平板、方箱等。

1. 划线平板

划线平板由铸铁制成，工作表面经过精刨或刮削加工，是划线的主要基准平面，用于安放工件和划线工具。如图 2-24 所示，其安放应平稳、牢固，工作表面应保持水平。

划线平板使用注意事项：

（1）平板工作表面应随时保持清洁，避免铁屑、灰砂等污物在划线工具或工件的拖动下划伤工作表面，从而影响划线精度。

（2）使用中，工件和工具在平板上都要轻拿轻放，尤其禁止重物撞击平板或在平板上进行敲击作业而损伤工作表面。

（3）平板各处要均匀使用，不能经常在某一局部位置上划线，以免造成局部磨损严重，影响划线精度。

（4）使用后，要将平板工作表面擦拭干净。长期不用时，应涂上机油防锈，并加盖保护罩。

2. V 形铁

V 形铁用铸铁制成，各表面均经过精加工，相对的表面相互平行，相邻的表面相互垂直，中间的 V 形槽一般制成 90°或 120°，如图 2-25 所示。

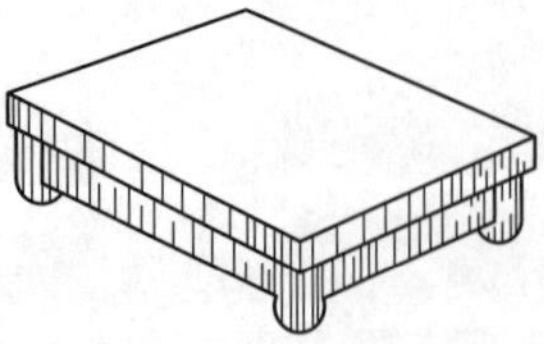

图 2-24　划线平板

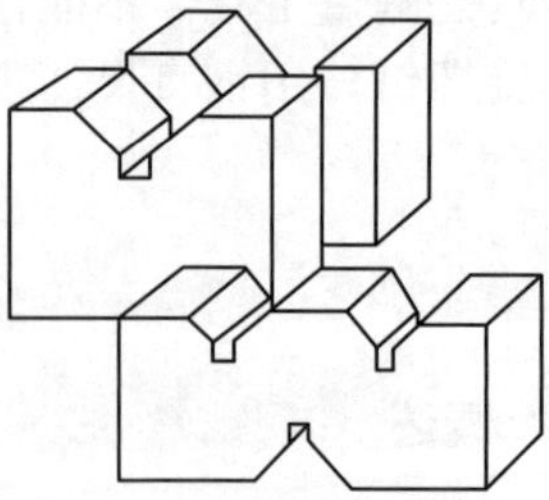

图 2-25　V 形铁

V形铁常用作零基准，也常用于支撑、安放圆轴类工件，使工件轴心线与平板平面平行。

（二）绘划工具

绘划工具可直接用来在工件上划线，常用的绘划工具有划针、划规、游标高度尺、样冲等。

1. 划针

划针常用 $\phi3$ ～$\phi6$ 工具钢或弹簧钢丝制成，其尖端磨成 15°～20°的尖角，并经淬火处理。

划针使用注意事项：

（1）划针要紧靠导向工具的边缘，并压紧导向工具。

（2）划针应向外侧倾斜 15°～20°，并向划线移动方向倾斜 45°～75°，如图 2-26 所示。

（3）划线要做到用力均匀，尽可能一次划成。

（4）划线方向应自左向右，自上向下。

（5）在用钢直尺和划针划连接两点的直线时，应先用划针和钢直尺定好后一点的划线位置，然后调整钢直尺使与前一点的划线位置对准，再开始划出两点的连接直线。

（6）线条应清晰、准确，不要重复划线。

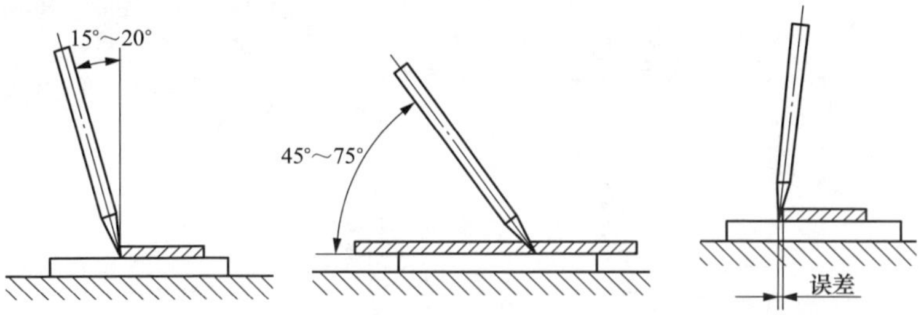

(a) 正确　　(b) 错误

视频 2-5
用划针划线

图 2-26　划针使用方法

2. 划规

划规可用于划圆、划弧线、等分线段、量取尺寸等，其用法和制图中的圆规相似。

钳工常用的划规有普通划规、弹簧划规等，如图 2-27（a）所示。使用划规划圆时，压力应加在转动中心的脚上，手腕应向后退足，以便一次划出整圆，如图 2-27（b）所示。

3. 游标高度尺

游标高度尺既可测量高度，又可用于半成品的精密划线，但不可对毛坯划线，以防损坏划线量爪。

视频 2-6　用游标高度尺划线

用游标高度尺划线时，先将工件和游标高度尺安放在划线平板上，调好划线高度，拧紧紧固螺钉，左手固定住工件不发生滑动或偏斜，右手握住高度尺底座并稍加压力，在划线平板上平稳移动，使划爪直接接触工件表面，一次性划出线条。

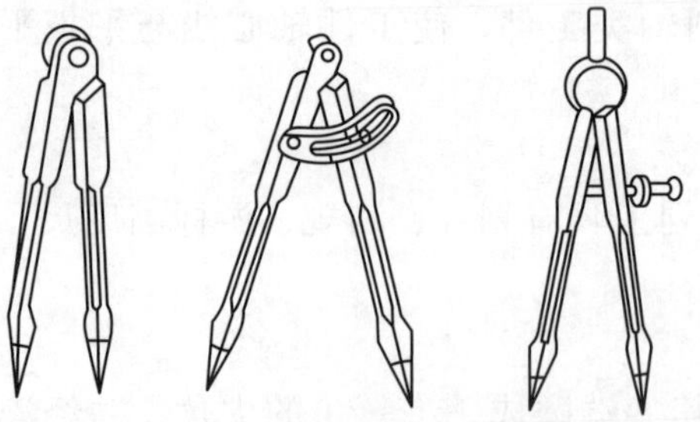

(a) 划规的结构类型

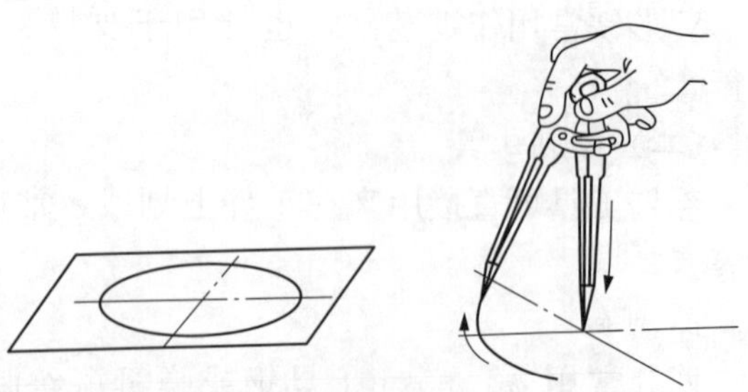

(b) 划规的使用方法

图 2-27 划规

划线时，游标高度尺底座一定要紧贴划线平板表面移动，划爪应与工件表面做点接触，倾斜划线，划线压力要均匀一致。

4. 样冲

样冲是在工件表面已划好的加工线上冲眼时使用的工具。冲眼是为了加强界线标志，使划出的线条具有永久性的位置标记；也可在划圆弧或钻孔时用于定中心。

样冲用工具钢制成，尖端处磨成45°～60°角并经淬硬。

如图 2-28 所示，样冲的使用方法如下：

视频 2-7 样冲使用演示

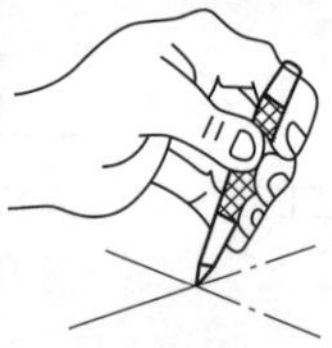

(a) 倾斜定位

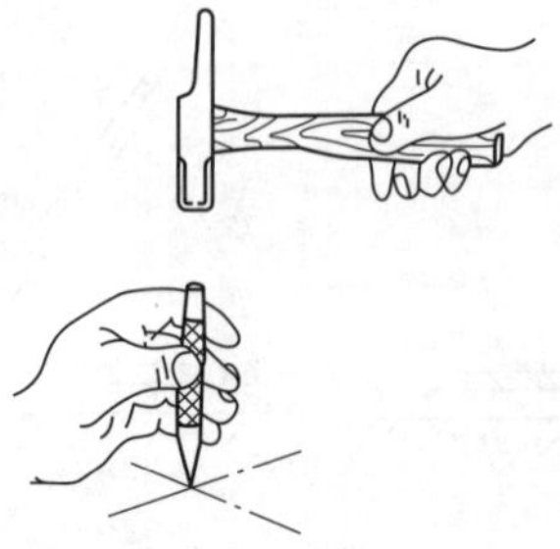

(b) 立直锤击

图 2-28 样冲的使用方法

(1) 先倾斜定位，将样冲外倾并使尖端对准线的正中。

(2) 再将样冲立直。

(3) 用锤子轻敲。

冲眼时，应注意冲眼位置要准确，冲心不能偏离线条。

钻孔时，圆中心处的冲眼最好打得大一些，以便钻头定位。冲眼时应先用锤子轻敲，检查无误后再重敲。

2.4.3 划线基准与划线步骤

(一) 划线基准

划线时通常要遵守一个规则，即从基准开始划线，也就是预先选定工件上某个点、线、面为划线出发点（或依据）。选定的点、线、面就是划线基准。

正确选择和确定划线基准，能使划线方便、准确、迅速。

划线基准要根据工件的具体情况选择。例如，划线基准与设计基准要一致；选择已加工且加工精度最高的边和面、较长的边或较大的面、对称工件的对称轴线、重要的孔中心线等为划线基准。

（二）划线步骤

划线一般按照表 2-4 中的步骤进行。

2.4.4 划线借料

有些毛坯工件存在尺寸和形状误差或缺陷，按照常规方法进行划线时，有时会出现工件某些部位的加工余量不足或没有加工余量的情况，导致工件成为废品。

表 2-4 **划线步骤**

序号	划线步骤	具体操作说明
1	看懂图样	看懂图样，查明划哪些线及各部位尺寸和要求
2	检查工件	检查毛坯工件是否符合图纸的技术要求
3	清理工件	除去毛坯工件表面的毛刺、飞边、残留的污垢等，为涂色和划线做准备
4	确定划线基准	分析图样，确定划线基准
5	工件表面涂色	1. 在工件需要划线的表面涂上一层涂料，以便使划出的线条更加清晰。 2. 涂色时，涂层要薄而均匀，才能保证划线清晰，涂得太厚则容易剥落
6	正确安放工件	工件要安放平稳，支撑牢固，以防滑倒或移动
7	选用划线工具，划出加工界线	1. 正确选用划线工具。 2. 在一次支撑中应把需要划的线全部划出，以免再次支撑补划造成误差。同一平面内的线条不能有错位现象。 3. 划线动作要自然、协调，划出的线条应细而清晰，尺寸要准确
8	检查	划线完成后应对照图纸仔细检查划线尺寸，以及是否有错划、漏划的线条
9	打样冲眼	检查无误后，需要时可在划线线条上打上样冲眼

在此种情况下，可以对工件进行试划和调整，将待加工面的加工余量进行重新分配、互相借用，以补救工件缺陷，使各部位都具有足够的加工余量，加工后仍可得到合格的产品。这种补救性的划线方法称为借料。

对于借料的工件，首先要详细测量，根据工件各加工面的加工余量判断能否借料。若能借料，再确定借料的方向及大小，然后从基准面开始逐一划线。若发现某一加工面余量不足，则再次借料，重新划线，直到加工面都有允许的最小加工余量为止。

在后续的扁尾锤制作中，当因加工失误导致工件表面产生缺陷时，应仔细研究图纸，详细测量工件，判断是否能利用借料划线来排除误差和缺陷，尽量避免产生废品。

2.5 锯 削

2.5.1 概述

锯削是用锯对材料或工件进行切断、切槽等操作的加工方法，如图 2-29 所示。

锯削是钳工的一项基本操作技能，具有简单、方便、灵活的特点。锯削的工作范围包括

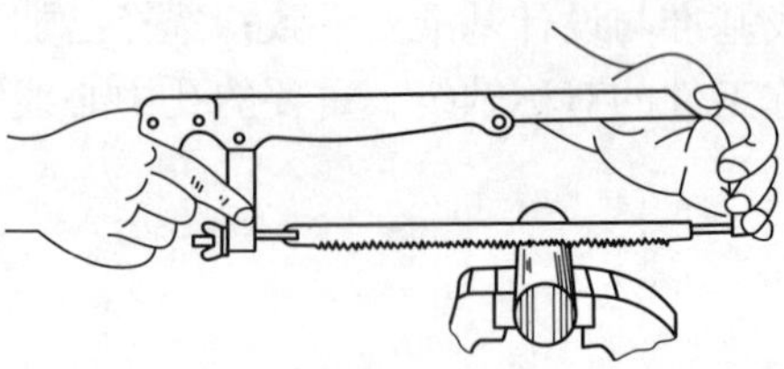

图 2-29　锯削

分割各种材料或半成品、锯掉工件上多余的部分、在工件上锯槽等，如图 2-30 所示。

2.5.2　手锯

手锯由锯弓和锯条组成。

（一）锯弓

锯弓是用来安装和张紧锯条的，有固定式和可调式两种，如图 2-31 所示。

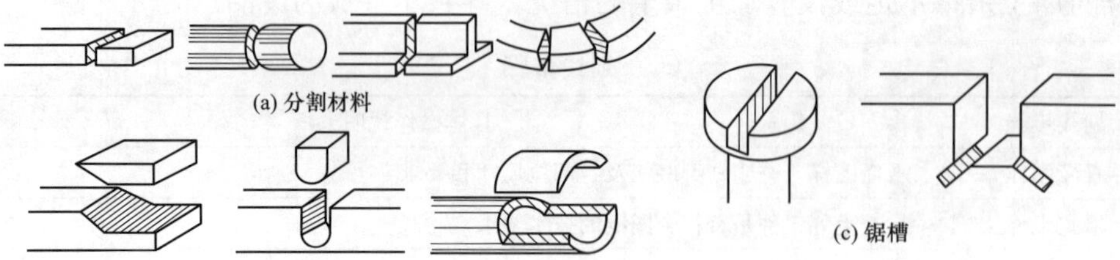

图 2-30　锯削的工作范围

固定式锯弓的弓架是整体的，只能装一种长度规格的锯条，见图 2-31（a）。可调式锯弓的弓架分前、后两段，前段在后段套内可以伸缩，可以安装几种长度规格的锯条，见图 2-31（b）。

锯弓的两端有安装销，用来安装锯条；手柄端有蝶形螺母，用来张紧锯条。

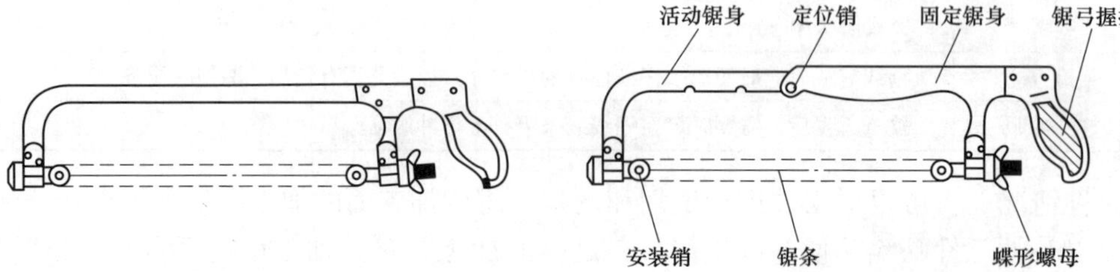

图 2-31　锯弓的构造

（二）锯条

1. 锯条

锯条是手锯的切削部分，一般用工具钢或合金钢制成，并经淬火和低温回火处理。

锯条规格以锯条两端安装孔的中心距表示，常用锯条的尺寸为长 300mm，宽 12mm，厚 0.8mm。

锯条的切削部分由许多锯齿组成，锯齿呈波浪形排列，如图 2-32 所示。锯齿的粗细以锯条上单位长度（25mm）内所含齿数的多少来表示，一般分为粗齿、中齿和细齿三种。通常每 25mm 内含 14～18 齿为粗齿，含 22～24 齿为中齿，含 28～32 齿为细齿。粗齿锯条适用于软材料或切面较大的工件；细齿锯条适用于硬材料或切面较小的工件，如板材及薄壁管子；中齿锯条适用于一般中等硬度材料。

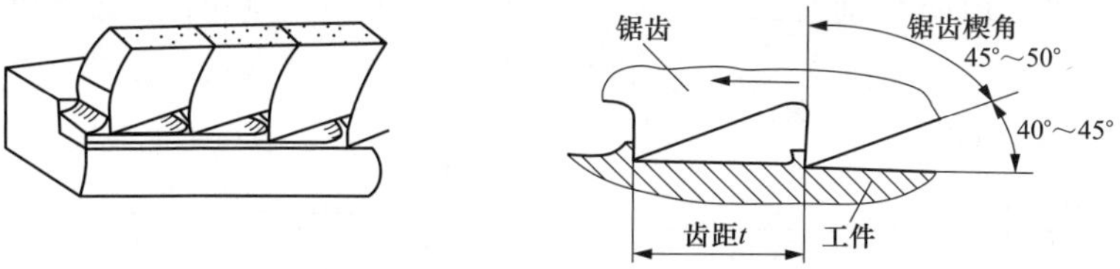

(a) (b)

图 2-32 锯齿的形状及切削角度

2. 锯路

为了减小锯削操作时锯条与锯缝两侧材料的摩擦阻力，避免锯条被夹住或折断，同时使排屑顺利，锯削省力，在制造锯条时，使锯齿按一定的规律左右错开，排列成一定的形状，称为锯路。锯路有交叉、波浪等不同排列形状（见图 2-33），均可保证锯削时工件上的锯缝宽度大于锯条背部的厚度。

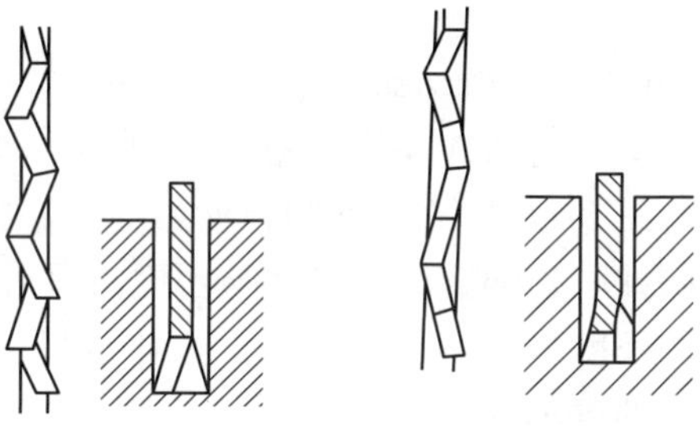

(a) 交叉形 (b) 波浪形

图 2-33 锯路

（三）锯条安装

锯条安装应注意以下问题：

（1）齿尖向前。锯削时，手锯向前推进为切削运动，向后返回时不起切削作用。所以安装锯条时，锯齿的齿尖必须向前，不能反装，如图 2-34 所示。

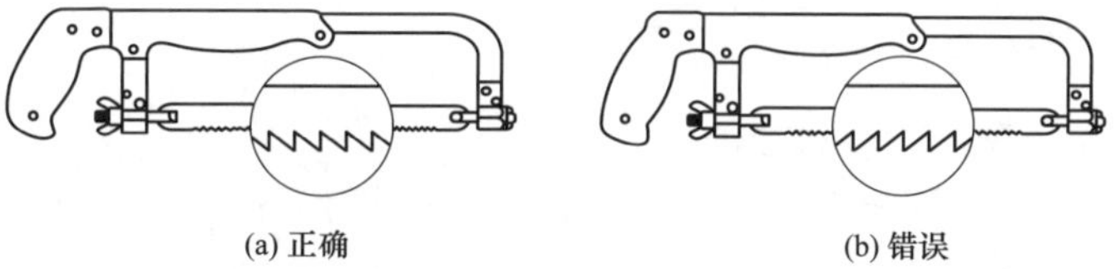

(a) 正确 (b) 错误

图 2-34 锯条的安装

视频 2-8 锯条的安装

（2）松紧适当。锯条的松紧程度在安装时要控制适当。过松则锯条容易因扭曲而折断，锯缝也易歪斜；过紧则锯条受力过大，容易崩断。一般用食指用力压，手感硬实并略带弹性，稍有变形即可。

（3）安装后的锯条无扭曲现象。应保证安装好的锯条平面与锯弓中心平面平行，不得倾斜和扭曲，否则锯削时锯缝容易歪斜。

2.5.3 锯削操作要领

视频 2-9 锯削操作示范

锯削前应先在工件上划好加工界线。

（一）工件夹持

（1）工件尽可能夹持在台虎钳左侧，以方便操作。

（2）工件伸出部分应尽量短。加工界线离钳口端面不可太远，以免锯削时产生振动。一般距离钳口边缘 10～20mm。

（3）工件要夹正、夹牢。夹正是指加工界线应尽可能垂直于钳口的水平面，以防锯斜；夹牢是指夹持要牢固，以防锯削时工件歪斜。如图 2-35 所示，同时也要防止夹紧力过大而损伤加工面。

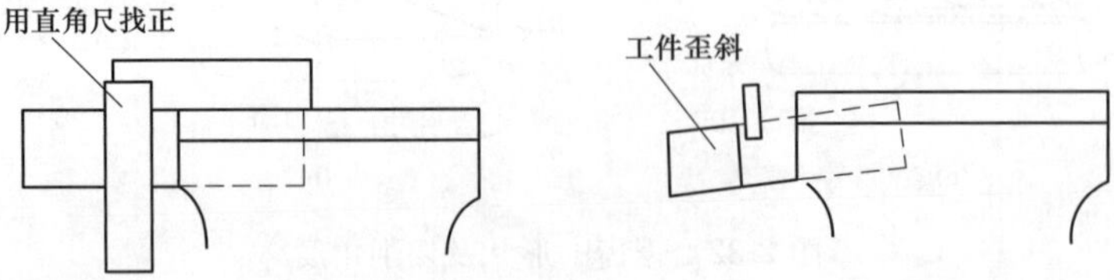

图 2-35　工件的夹持

（二）锯削站立姿势

锯削时站立姿势如图 2-36 所示。操作者面对台虎钳，站在工件的左侧，身体与台虎钳中心线大致呈 45°，两腿自然站立。左脚跨前半步，左膝稍有弯曲，左脚掌与台虎钳呈 30°；右脚站稳、伸直，右脚掌与台虎钳呈 75°。两脚不能离地，两脚后跟之间的距离约为一个锯弓的长度（250～300mm）。人体重量均分在两腿上，略向前倾，两肩自然持平，视线落在工件的锯削部位。

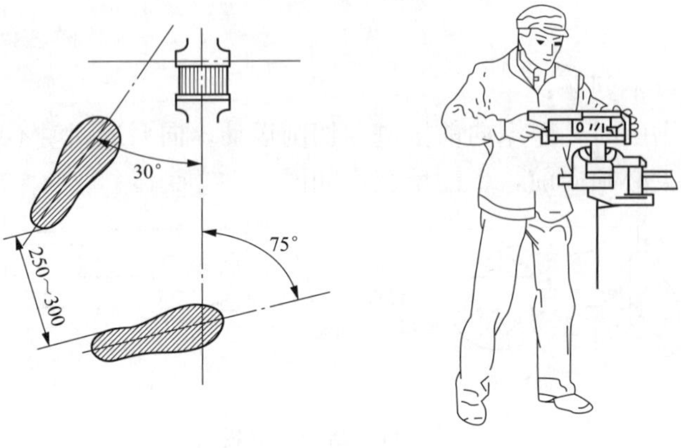

(a) 站立位置　　(b) 操作姿势

图 2-36　锯削时的站立姿势

（三）起锯

起锯是锯削工作的开始。锯条开始切入工件称为起锯，如图 2-37 所示。

1. 姿势

将左手大拇指立起略呈负角，其他四指收拢握拳，用左手拇指指甲靠紧锯条侧面，将锯条沿加工界线抵住引导起锯，以免锯削位置偏移，如图 2-37（a）所示；右手握住锯柄，轻轻推拉手锯，平稳地逐步切入工件。

2. 起锯角度

起锯角度一般约 15°较为合适，如图 2-37（b）所示，最少要有三个齿同时接触工件。起锯角度过大时，锯齿易被工件的棱边卡住，将锯齿崩断，并会造成手锯跳动不稳；角度过小则与工件同时接触的锯齿过多，不易切入材料，锯条还容易打滑，把工件表面锯坏。

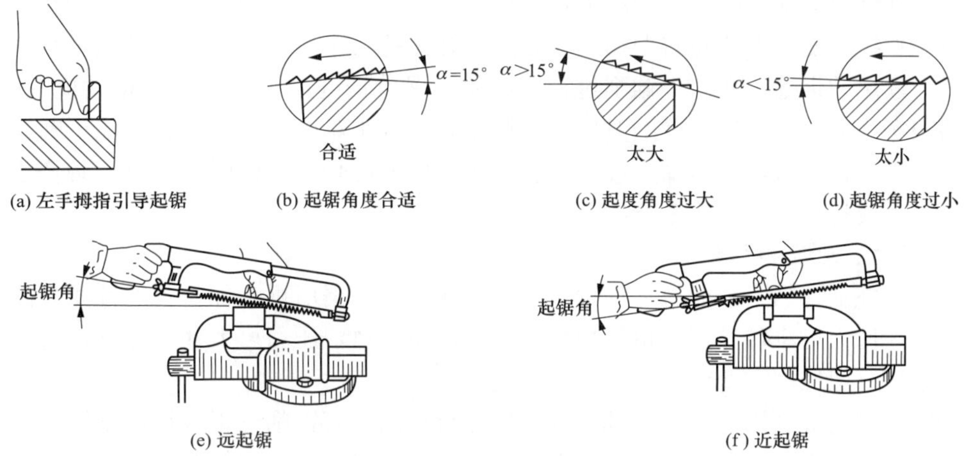

图 2-37　起锯

3. 起锯方法

起锯方法有近起锯与远起锯两种。从工件离自己稍远的一端起锯称为远起锯，如图 2-37（e）所示；从工件离自己稍近的一端起锯称为近起锯，如图 2-37（f）所示。一般采用远起锯，此时锯齿逐步切入材料，不易被卡住，操作者也容易观察锯削线。近起锯主要用于薄板。

起锯的动作要点：压力要小，行程要短，速度要慢，起锯角度要正确。这样可使起锯平稳。起锯时锯条侧面要始终与工件表面垂直。当锯齿切入 2mm 左右形成锯槽之后，锯条已不会滑出槽外，左手拇指可离开工件，将左手放在手锯前端，扶正手锯进入正常锯削状态。

（四）手锯握法

正常锯削时握锯方法如图 2-38 所示。右手满握锯柄，食指也可抵在弓架侧面，左手轻扶住锯弓前段，双手将手锯扶正，握柄手臂与锯弓呈一直线。

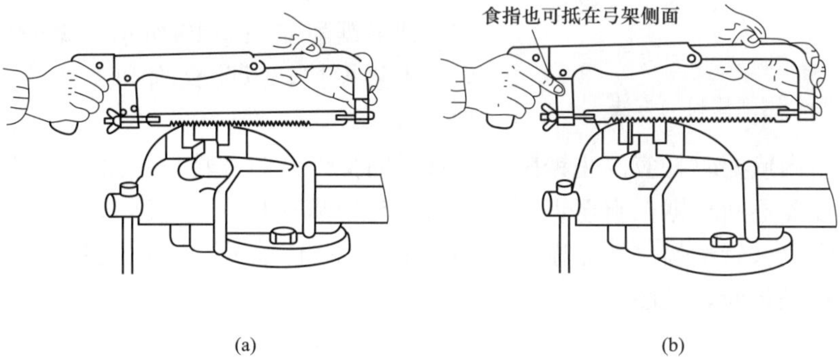

图 2-38　手锯握法

（五）锯削动作要领

推锯时，推力与压力由右手控制，左手几乎不施加力，主要起配合右手扶正锯弓的作用。

手锯向前推出时，身体略向前倾，自然地压向锯弓，前膝弯曲，后腿伸直，利用身体惯性向前推，同时注意保持手臂和锯弓在一条直线上。当推进大半行程时，手继续推动锯弓的同时，身体靠锯削反作用力回移，准备回程。

回程时不进行锯削，故不施加压力，应使锯条在工件上轻轻滑过，身体回到初始位置。

锯弓应直线往复，不能左右摆动。锯条应始终保持与钳口垂直，且锯条面垂直向下，这样才能得到理想的锯缝。在整个锯削过程中应始终保持锯缝的平直，若有歪斜应及时校正。若已歪斜很多，应改从工件锯缝的对面重新起锯；否则很难改直，而且很可能折断锯条。

当工件将被锯断时，应速度放慢，行程减小，用力应轻，避免因压力过大碰伤手臂或折断锯条。左手要托住工件即将断开的部分，以免落下伤脚。

（六）压力、速度和行程

锯削时，施加在锯条上的压力和锯条的往返频率应根据所锯工件材料的性质来确定。锯削软质材料，压力可小些，速度可稍快些；锯削硬质材料，压力可大些，速度可慢些。锯削往复运动速度一般控制在 20～40 次/min 为宜。

推锯时，应充分利用锯条的全部有效长度进行锯削。若锯削行程较短，则锯条局部磨损过快，不仅会缩短锯条的使用寿命，甚至会造成锯缝变窄，锯条容易被卡死或折断。一般锯弓的往返行程长度不应小于锯条全长的 2/3。

视频 2-10　锯削实例

2.5.4　锯削实例

（一）棒料锯削

棒料的锯削断面如果要求比较平整，应从起锯开始连续锯削，到结束为止。

若锯削断面要求不高，为减小切削阻力和摩擦力，可以在锯入一定深度后将棒料转过一定角度重新起锯，如此反复几次，从不同方向锯削，最后锯断。这样锯削面较窄，容易锯入，可提高棒料的锯削效率。如图 2-39 所示，按图中顺序号锯削，省时、省力。

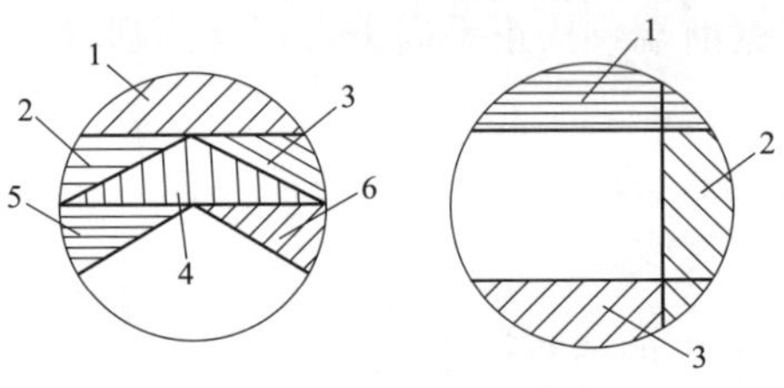

方法一　　方法二

图 2-39　锯削棒料的方法

（二）圆管锯削

圆管锯削如图 2-40 所示。锯薄壁管子时应用 V 形木垫夹持，以防夹扁和夹坏管表面，见图 2-40（a）。

当锯到管子内壁处时，应停止锯削，把管子向推锯方向旋转一定角度，仍沿原有锯缝锯至管内壁处，如此不断转锯，直至锯断。注意在转动圆管时，应把已锯部分向锯条推进方向转动，否则锯齿会被管壁勾住，见图 2-40（b）；且不宜从一个方向锯到底，否则管壁也会勾住锯齿而使锯条折断，见图 2-40（c）。

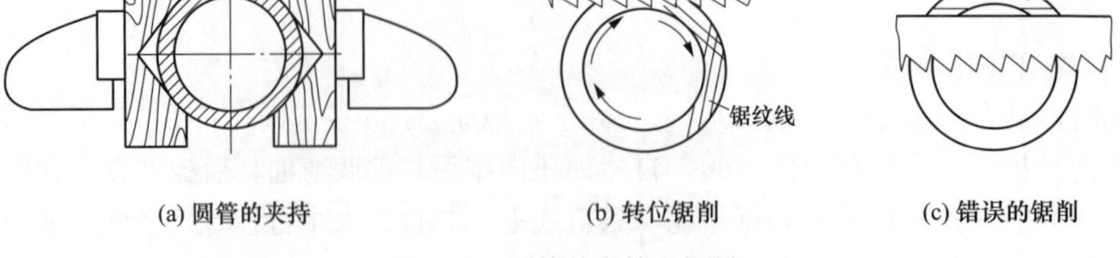

(a) 圆管的夹持　　(b) 转位锯削　　(c) 错误的锯削

图 2-40　圆管的夹持和锯削

（三）薄板锯削

薄板锯削如图 2-41 所示。锯削薄板时可将薄板夹在两木板之间一起锯削，见图 2-41（a），这样可以避免锯齿被勾住，同时还可增加板的刚性。当板料太宽，不便台虎钳装夹时，应采用横向斜推锯削，见图 2-41（b）。

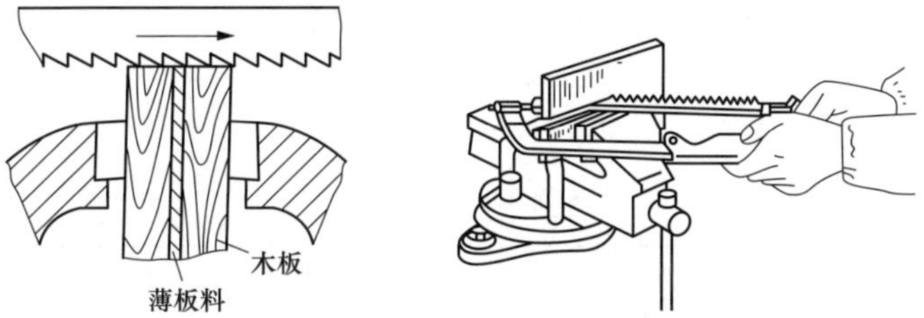

(a) 用木板夹持　　(b) 横向斜推锯削

图 2-41　薄板锯削

（四）深缝锯削

深缝锯削如图 2-42 所示。当锯缝的深度超过锯弓的高度时，为防止锯弓与工件相碰，应将锯条转过 90°重新安装，把锯弓转到工件旁边。锯弓横下来后若锯弓的高度仍然不够，也可将锯条转过 180°，把锯条锯齿安装在锯弓内进行锯削。

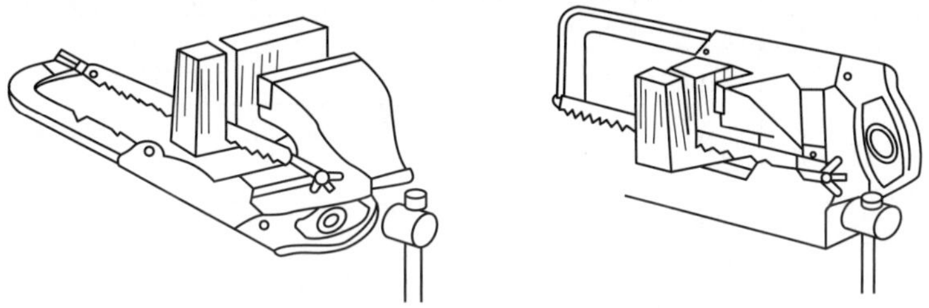

(a) 将锯条转过90°　　(b) 锯缝深度超过锯缝宽度

图 2-42　深缝锯削

2.5.5　锯削安全技术及常见问题分析

（一）锯削安全技术

（1）锯条安装应松紧适当，不可过紧或过松。

（2）工件夹持要牢固，以免工件走动、锯缝歪斜、锯条折断。

（3）锯削线离钳口不应太远，且应与钳口垂直。

（4）为保证锯削后有足够的精加工余量，并能使锯缝平直，初学者可在加工界线外侧约 1mm 处划出加工界线的平行线，起锯时使锯缝与此线重合，防止锯缝歪斜。

（5）起锯方法和起锯角度要正确，以免一开始锯削就造成废品或损坏锯条。

（6）锯削时不可突然用力过猛，推锯速度不宜过快，以防锯条折断从锯弓上崩出伤人。

（7）锯削速度以 20～40 次/min 为宜，材料软可稍快，反之稍慢。

（8）锯削时应注意保持锯条面垂直向下，要随时观察和控制锯缝位置正确并且平直，发现锯缝歪斜应及时纠正，保证锯削质量。

(9) 当工件将被锯断时，施加的压力要减小，锯削速度要放慢，避免因压力过大使工件突然断开并向前冲而造成事故；在工件即将锯断时，要用左手托住工件的断开部分，避免落下伤脚。

(10) 锯削过程中，要注意工具在使用后的定位摆放要求，做到随用随拿，用后归位。

(11) 锯削结束后，应清扫切屑，工具存放到指定位置。

(二) 常见问题分析

锯削常见问题分析见表 2-5。

表 2-5　锯削常见问题分析

锯削常见问题	原因分析
锯条折断	1. 锯条安装过紧或过松。 2. 工件装夹不正确，夹持不稳或从钳口伸出过长，锯削时发生抖动。 3. 推锯时压力过大，速度过快，或用力偏离锯缝方向。 4. 锯缝偏离加工线，歪斜过多，强行借正使锯条折断。 5. 新换的锯条在旧的锯缝中被卡住，造成折断。 6. 工件将被锯断时没有及时调整压力和速度，使手锯与台虎钳等相撞而折断锯条
锯条崩齿	1. 锯齿粗细选择不当，如锯薄板、管子时选用了粗齿锯条。 2. 起锯方法不正确。 3. 锯削速度过快，锯齿受到过猛的撞击。 4. 锯削时锯齿被卡住后，仍用力推锯
锯条过早磨损	1. 锯削速度过快。 2. 工件材料过硬
锯缝歪斜超出要求范围	1. 工件夹歪，锯削线与钳口侧面不平行。 2. 锯条安装过松或与锯弓平面扭曲。 3. 锯削时压力过大。 4. 锯削时未扶正锯弓或用力歪斜
工件尺寸被锯小	1. 划线不正确。 2. 锯削线偏离所划加工界线。 3. 锯削时未留加工余量
起锯时工件表面被拉毛	起锯方法不当

2.6 锉　　削

2.6.1 概述

锉削是用锉刀对工件进行切削加工的方法（见图 2-43），是钳工最常用的主要操作方法之一。

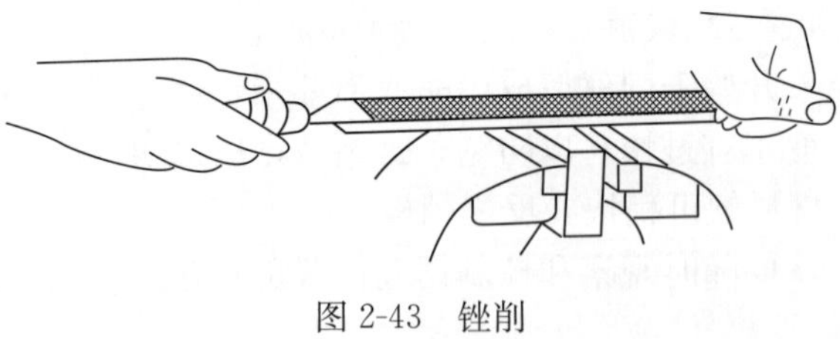

图 2-43　锉削

锉削的应用范围很广，可以对工件的内外平面、内外曲面、内外角、沟槽及其他各种复杂形状的表面进行加工。

锉削一般是在锯削之后对工件进行的精度较高的加工，可使工件达到所要求的尺寸、形状精度、位置精度和表面粗糙度要求，锉削后工件的尺寸精度可达 0.01mm，表面粗糙度值可达 $Ra0.8\mu m$。

2.6.2 锉刀

（一）锉刀构造

锉刀由碳素工具钢或高碳钢制成，并经过热处理淬硬。

锉刀由锉柄和锉身两部分组成，其构造及各部分名称如图 2-44 所示。

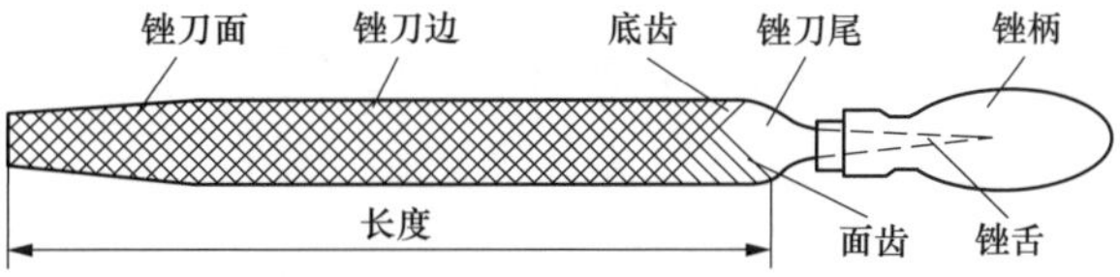

图 2-44 锉刀各部分名称

锉刀的上下两面均有锉齿，是锉削的主要工作面。

锉刀的两个侧面称为锉刀边。有的锉刀两边都有齿，有的锉刀只有其中一边有齿。没有齿的一边称为光边，可以防止碰伤已加工表面。

锉刀舌是用来安装锉刀柄的，不经淬火处理。

（二）锉齿和齿纹

锉齿是锉刀用以切削的齿形，如图 2-45 所示。锉齿的粗细规格按锉刀齿纹的齿距大小来表示，粗锉刀的齿距大，细锉刀的齿距小。

锉刀上的齿纹有单齿纹和双齿纹（见图 2-46）。单齿纹是指齿纹只有一个方向，与锉刀中心线呈 70°，一般用于锉软金属，如铜、锡、铅等；双齿纹是指锉刀上有两个互相交错排列方向的齿纹，适用于锉削硬材料。

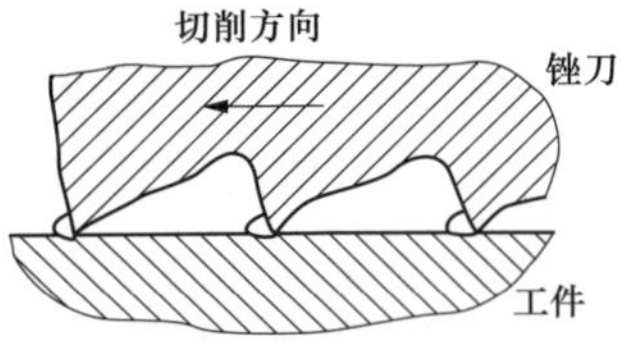

图 2-45 锉齿的切削角度与方向

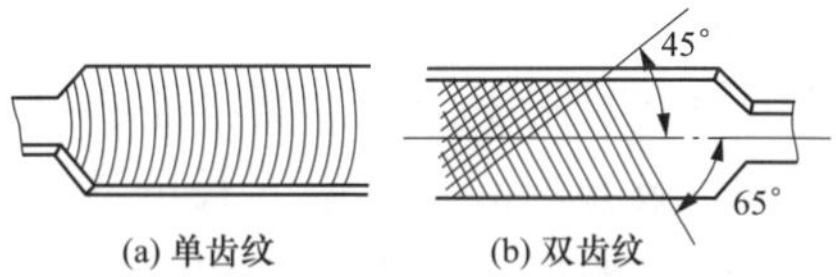

图 2-46 锉刀的齿纹

（三）锉刀分类

（1）按锉齿齿距的大小分为粗齿锉、中齿锉和细齿锉等。

（2）按齿纹分为单齿纹和双齿纹。

（3）按断面形状可分为扁平锉、方锉、三角锉、圆锉和半圆锉。扁平锉用于锉平面、外圆面和凸圆弧面，方锉用于锉方孔和小平面；三角锉用于锉平面、方孔及 60°以上的锐角，圆锉用于锉圆孔和内弧面，半圆锉用于锉平面、内弧面和大的圆孔，见表 2-6。

视频 2-11 常见锉刀展示

表 2-6 **锉刀种类**

名称	截面形状	应用实例
扁平锉		
方锉		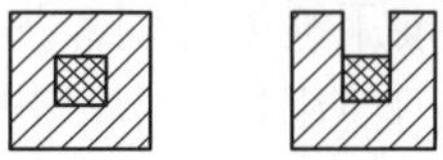

续表

名称	截面形状	应用实例
三角锉		
圆锉	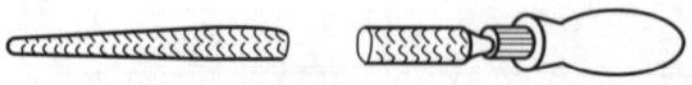	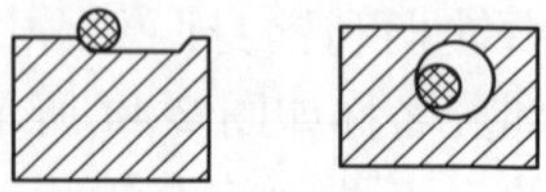
半圆锉		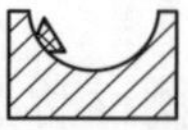

（四）锉刀选用原则

锉削之前必须正确选择锉刀。锉刀的选择原则如下：

（1）锉刀大小的选择，取决于加工面的尺寸大小。

（2）锉刀断面形状的选择，取决于工件加工部位的几何形状。

（3）锉齿粗细的选择，取决于工件加工余量的大小、加工精度的高低、表面粗糙度的大小、工件材料软硬等。一般加工精度较高、加工余量较小、表面粗糙度较小、材料较硬的工件时，选用细齿锉；反之，选用粗齿锉。

（五）锉刀柄装拆

锉刀柄的装拆如图 2-47 所示。

锉刀柄用硬木料或塑料制成，安装孔的深度约等于锉刀舌的长度，锉刀舌能自由插入孔的一半。装柄时一手扶柄，另一手将锉刀舌插入锉刀柄孔内，把锉刀柄的端部往台虎钳等坚实的平面上敲击，镦紧。镦入长度约为锉刀舌长度的 3/4 即可。

拆卸锉刀柄可在台虎钳钳口或其他稳固件的侧平面进行，利用锉刀柄撞击台虎钳等平面后，锉刀在惯性作用下与锉刀柄脱开。

视频 2-12 锉刀柄装拆

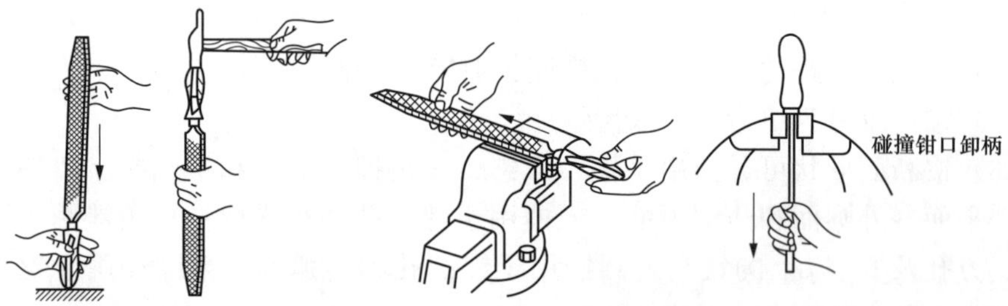

(a) 锉刀柄的安装　(b) 锉刀柄的拆卸

图 2-47 锉刀柄的安装与拆卸

（六）锉刀保养

为了延长锉刀的使用寿命，要注意锉刀的保养，具体注意事项如下：

（1）新锉刀应先使用一面，待磨钝后，再用另一面。

（2）不准用锉刀锉削淬火工件，以防损坏锉刀。

（3）锉刀使用过程中，若发现铁屑嵌入锉纹，应及时清除。可轻轻敲击锉刀，或用钢丝刷顺锉纹方向清除铁屑；不能刷掉时，可用断锯条清理，如图 2-48 所示。

(4) 使用锉刀锉削时速度不宜太快。

(5) 锉刀面不应沾油污、水及其他污物。

(6) 不可把锉刀堆放在一起，以免碰坏锉齿。

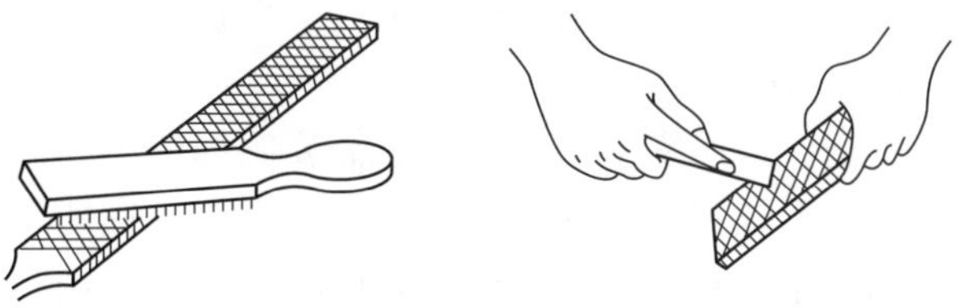

(a) 用钢丝刷顺着锉纹清理 (b) 用废锯条清除

图 2-48 清除锉刀上的铁屑

2.6.3 锉削操作要领

锉削前应先划好加工界线。

(一) 工件夹持

夹持工件要符合下列要求：

(1) 工件应尽量夹在台虎钳钳口的中间部位，使台虎钳受力均匀。

(2) 工件夹持要牢固，但不应使其变形。

(3) 工件加工面伸出钳口部分不宜过高或过低，伸出过高易产生振动，过低易伤手。

(4) 工件形状不规则时，应加适宜的衬垫后再夹持。

(5) 夹持已加工面和精密工件时，应使用软钳口，以防夹伤。

(二) 锉刀握法

锉刀的大小、形状不同，握持方法也有所不同。

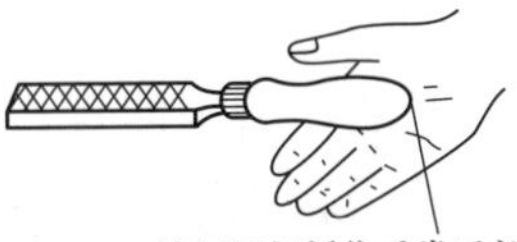

锉柄尾部抵住手掌后部肌肉

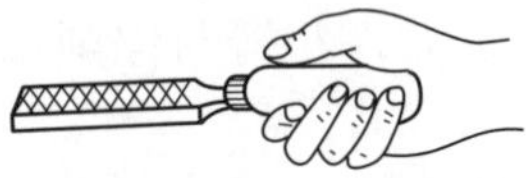

拇指放在锉柄上面，四指自然握住锉柄

图 2-49 右手握锉的方法

1. 大型锉刀握法

右手握锉的方法如图 2-49 所示，右手紧握锉刀柄，锉柄尾部抵住手掌后部肌肉，大拇指放在锉刀柄上部，其余四指由下而上自然满握锉刀柄。

左手则根据用力轻重有多种握法。其基本握法如图 2-50 (a) 所示，将拇指根部大鱼际肌肉压在锉刀头上，拇指自然伸直，其余四指弯向手心，用中指、无名指捏住锉刀前端；也可将左手手掌直接压在锉刀上，如图 2-50 (b) 所示。

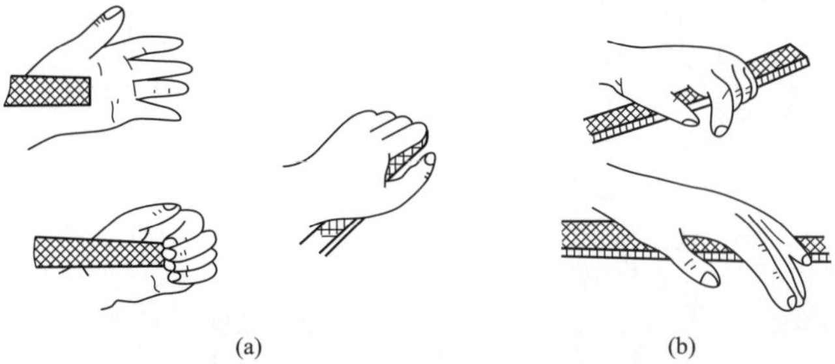

(a) (b)

图 2-50 大型锉刀左手的握法

视频 2-13 大型锉刀的锉削操作示范

2. 中型锉刀握法

中型锉刀的右手握法与大型锉刀相同，左手只需用大拇指和食指、中指捏住锉刀前端即可，不必像大型锉刀那样施加很大的力量，握法如图 2-51（a）所示。

3. 小型锉刀握法

小型锉刀所需锉削力小，只需要施加较小的力即可，因此锉刀的握法也有所不同。

用小型锉刀进行锉销时，将右手拇指放在锉刀柄上面，食指伸直靠在锉刀的刀边，左手只需用四个手指压在锉刀中部，即可控制锉削时压力的大小，如图 2-51（b）所示。这样的握法不易感到疲劳，也容易掌握锉刀平稳。

对于更小的锉刀，可只用右手握住，拇指放在锉刀的左侧，食指伸出压住锉刀即可，如图 2-51（c）所示。也可右手握法与大、中型锉刀相同，左手掌心向下压在左手拇指前，两手配合进行锉削。

视频 2-14 中小型锉刀的锉削操作演示

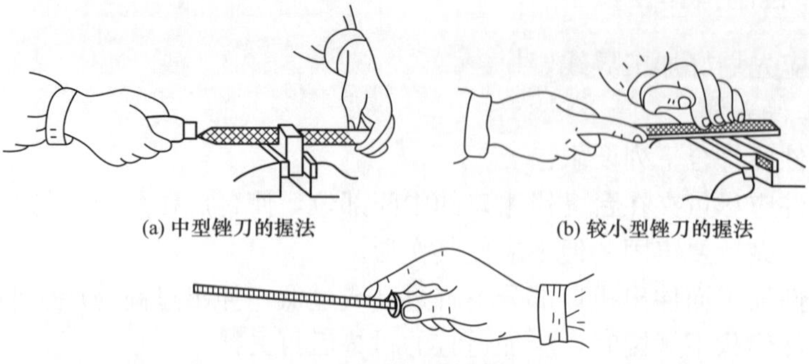

(a) 中型锉刀的握法 (b) 较小型锉刀的握法

(c) 小型锉刀的握法

图 2-51 中小型锉刀的握法

（三）锉削站立姿势

锉削时，操作者的站立步位和身体姿势与锯削操作相似，如图 2-52 所示。

操作者站在台虎钳中心线左侧，斜对台虎钳，两脚自然分开，前膝弯曲，后腿伸直，两脚后跟之间的距离约为一个锉刀的长度。

身体稍向前倾，重心落在左脚上，两肩自然持平，目视锉削面。双手握好锉刀，将锉刀前端放在工件上，右小臂同锉刀呈一直线，并与锉削面平行；左臂弯曲，左小臂与锉削面基本保持平行，做好锉削准备。

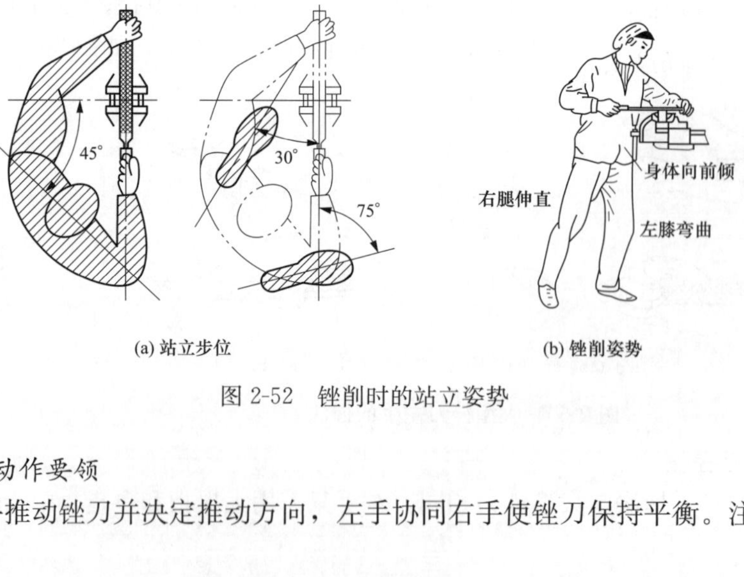

(a) 站立步位 (b) 锉削姿势

图 2-52 锉削时的站立姿势

（四）锉削动作要领

锉削时右手推动锉刀并决定推动方向，左手协同右手使锉刀保持平衡。注意左手肘部要抬起，不要下垂，否则锉削力量不能正常发挥，影响锉削效率。

锉削包括推锉和回收两个连续动作，推锉时施压，回收时不施压。动作要领：两脚站稳，右腿蹬，左腿弓，靠左膝的屈伸使身体做前后往复运动，后手随身体的向前运动给锉刀施加适当推力，进而产生推锉运动，两臂协调配合，使锉刀的有效全长得到充分利用。

如图 2-53 所示，锉削动作如下：

(1) 开始锉削时，身体先于锉刀一起向前，身体向前倾斜 10°左右，左肘弯曲，右肘尽可能向后收缩，如图 2-53 (a) 所示。

(2) 锉刀推进最初的 1/3 行程，身体要逐渐前倾至 15°左右，这时左膝稍弯曲，左肘稍直，右臂向前推，如图 2-53 (b) 所示。

(3) 锉刀推进中间的 1/3 行程，右肘向前推进锉刀，同时身体逐渐向前倾斜到 18°左右，如图 2-53 (c) 所示。

(4) 锉刀推进最后的 1/3 行程，右臂向前使锉刀继续推进，直至推尽，左肘渐直；身体则应停止前进，在锉刀向前推的同时随着锉削时的反作用力将身体重心后移，左腿自然伸直，使身体恢复原位，自然退回到 15°左右位置上，如图 2-53 (d) 所示。

(5) 行程结束后，顺势收回锉刀，收回锉刀时不施加压力并稍抬起锉刀。当锉刀收回将近结束时，身体又开始先于锉刀前倾，做第二次锉削运动，如此往复进行锉削操作。

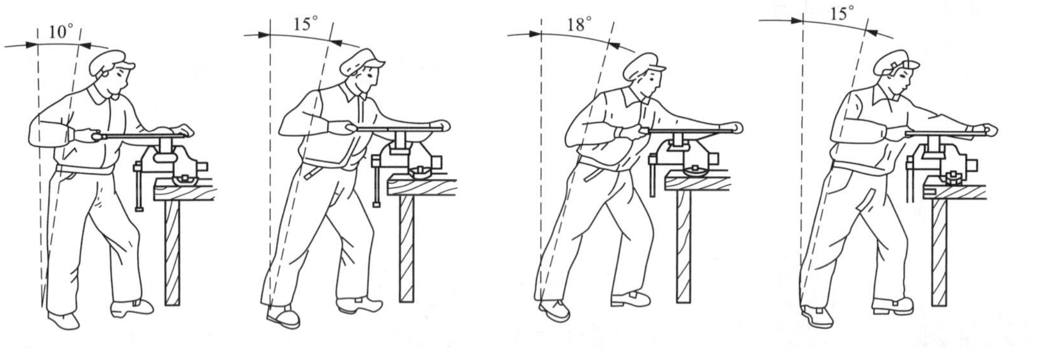

(a) 开始锉削　(b) 锉刀推进最初的1/3的行程　(c) 锉刀推进中间的1/3的行程　(d) 锉刀推进最后的1/3行程

图 2-53　锉削姿势、动作

(五) 锉削力的运用、锉削速度和行程

1. 锉削力的运用

推进锉刀时推力的大小主要由右手控制，压力的大小则由两手共同控制。

在锉削平面时，要锉出平整的平面，必须在推锉过程中保证锉刀平稳且不上下摆动。要做到这一点，锉削时两手的用力应随锉刀位置的改变进行相应的调整，如图 2-54 所示。

根据杠杆原理，随着锉刀的推进，后手的压力要逐渐增加，前手的压力则要逐渐减小，使锉刀在工件任何位置上时两端所受的力矩都保持相等；否则，工件将会产生凸面。

2. 锉削速度和行程

锉刀往复运动速度一般控制在 40 次/min 左右较为适宜。推锉时稍慢，回程时稍快；推锉时应尽量利用锉刀的全部锉齿进行锉削，动作要自然、协调。

锉削是钳工的一项重要基本操作，锉削技术的正确掌握，必须从握锉、站立步位和姿势动

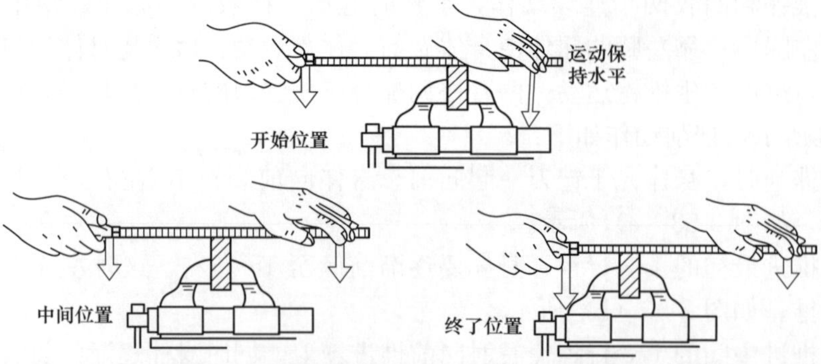

图 2-54 锉削力的运用

作、操作用力这几方面进行协调一致的反复练习才能达到。初次练习时难免会出现各种不正确的姿势，特别是身体与双手动作的不协调，要注意及时纠正，不要让不正确的姿势成为习惯。

操作时还要经常检查工件加工面的平面度情况，以此来判断和改进锉削时的施力变化，逐步掌握平面锉削的技能。

2.6.4 平面锉削方法

平面锉削是锉削中最基本的操作，其方法主要有顺锉、交叉锉和推锉三种，如图 2-55 所示。

视频 2-15 平面锉削演示

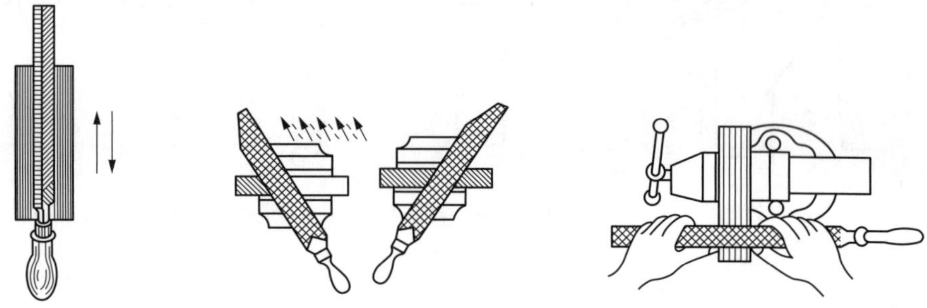

(a) 顺锉 (b) 交叉锉 (c) 推锉

图 2-55 平面锉削方法

1. 顺锉法

顺锉法是平面锉削中最常用的方法，锉刀始终沿着同一方向运动，锉痕整齐，方向一致，见图 2-55（a）。

2. 交叉锉法

锉刀从两个交叉的方向对工件表面进行锉削，见图 2-55（b）。锉刀运动方向与工件夹持方向呈 50°～60°，且锉纹交叉。一般先沿一个方向将整个平面锉一遍，然后沿与前一方向垂直的方向将整个平面再锉一遍。

交叉锉的特点是锉削表面平整，易消除中凸现象，效率高，一般适用于粗加工和去除余量。而精锉时则必须采用顺锉，使锉痕变直、纹理一致，以得到顺直的锉痕。

3. 推锉法

推锉法是两手对称地横握锉刀，大拇指尽量靠近工件，用两个大拇指均衡地用力推、拉锉刀进行锉削，见图 2-55（c）。

推锉的特点是锉削表面平整，精度高，但效率低。常在加工余量较小、修正尺寸或在锉刀推进受阻时使用，用以修理锉纹，降低工件表面粗糙度。

平面锉削通常按交叉锉、顺锉、推锉的次序进行锉削加工。粗加工时用交叉锉法对工件进行锉削，交叉锉削方法可以判断锉削面的高低情况，以便把高处锉平；精加工时用顺锉法对工件进行锉削，可得到正、直的锉痕，比较整齐美观；修正平面或修正尺寸可用推锉法，以提高精度或降低表面粗糙度。

2.6.5 曲面锉削方法

视频 2-16 曲面锉削演示

最基本的曲面是单一的外圆弧面和内圆弧面。掌握内、外圆弧面的锉削方法，是曲面锉削的基础。

1. 外圆弧面锉法

锉削外圆弧面使用扁平锉。其动作要领是，锉刀在做前进运动的同时，还要绕圆弧中心做转动。前进运动的目的是完成锉削，转动的目的是保证锉削出圆弧形状。

常用的外圆弧面顺向滚锉法，是在锉削开始时先把锉刀前端压低，后端抬高，将锉刀头紧靠工件，随着锉刀向前推进，右手将锉刀柄部往下压，左手则把锉刀前端向上提，使锉刀头逐渐由下向前上方做弧形运动。待锉刀行至尾端时结束，抬起锉刀返回到起始位置，如此往复，如图 2-56（a）所示。左右两手要动作协调，压力均匀，速度适当。

这种顺向滚锉法锉出的圆弧面光洁、圆滑，锉纹美观整齐，不会出现带棱边的现象。

2. 内圆弧面锉法

锉削内圆弧面使用圆锉或半圆锉。其动作要领是，锉刀在向前运动的同时，还要沿圆弧面向左或向右移动，而且右手手腕应做同步的绕锉刀中心线的自转运动。操作中只有这三个运动协调完成，才能保证锉出的弧面光滑、准确，如图 2-56（b）所示。回锉时，两手将锉刀稍微提起放回原来位置。

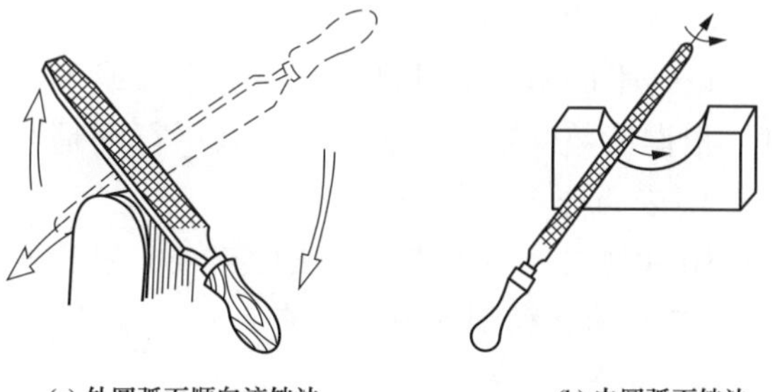

(a) 外圆弧面顺向滚锉法　(b) 内圆弧面锉法

图 2-56　圆弧面锉削

曲面锉削的技巧性很强，需经长时间练习才能掌握。要首先掌握好平面锉削的方法，再逐步掌握内、外圆弧面的锉削方法。

2.6.6 平面与曲面连接的锉削方法

平面与曲面连接，通常分平面与外曲面连接、平面与内曲面连接两种情况。

1. 平面与外曲面连接的锉削方法

平面与外曲面连接时，可选用扁平锉，先按照锉削平面的方法对平面部分进行锉削，待平面部分基本成形后，再按锉削外曲面的方法锉削曲面部分，并将平面与曲面的连接处过渡圆滑。

2. 平面与内曲面连接的锉削方法

平面与内曲面连接时，可先用圆锉或半圆锉按照锉削内曲面的方法锉削曲面部分，待曲面基本成形后，再用扁平锉按照平面锉削的方法锉削平面部分，最后用推锉法使平面与内曲面连接处过渡圆滑。

2.6.7 锉削质量检查

工件在锉削过程中，要经常检查其尺寸、平面度、平行度、垂直度等，以便及时修正。尤其是接近图样要求的尺寸时，更应及时进行测量，以免造成废品。

（一）平面锉削的质量检查

1. 平面度检查

平面锉削中的平面度通常利用刀口形直尺采用光隙法检查，也可用研磨法进行检查。

（1）用刀口形直尺采用光隙法检查。利用刀口形直尺采用光隙法在工件表面沿横向、纵向、对角线方向进行多方向、多位置检查。

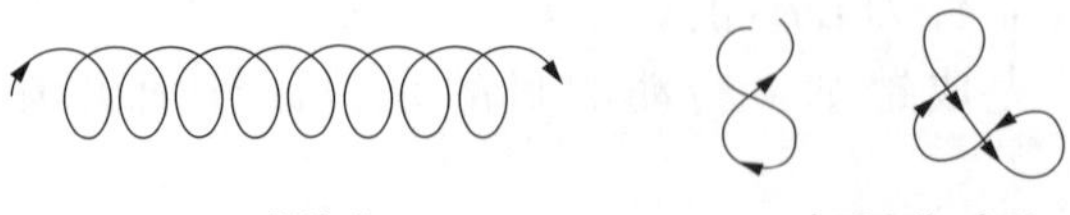

(a) 螺旋形　(b) 8字形和仿8字形

图 2-57　研磨运动轨迹

（2）用研磨法检查。使用研磨法检查时，先将被检查表面涂色，再在平板上研磨，通过观察表面颜色分布的情况来判别该工件表面的平面度情况。研磨的运动轨迹如图 2-57 所示，一般采用螺旋形、8 字形和仿 8 字形等几种，以便工件表面和平板保持均匀接触。

2. 垂直度检查

平面锉削中的垂直度通常利用 90°角尺采用光隙法检查。

3. 尺寸和平行度检查

以锉平的基面为基准，用游标卡尺或千分尺在工件全长上不同的位置测量两平面间的厚度，根据读数确定该位置的尺寸及平行度是否超差。

4. 表面粗糙度检查

用目测法、样板法等方法检查表面粗糙度。

（二）曲面锉削的质量检查

1. 面轮廓度检查

外圆弧面轮廓度可利用样板通过光隙法检查，如图 2-58（a）所示。内圆弧面轮廓度可利用 R 规（半径规）通过光隙法进行检查，如图 2-58（b）所示。

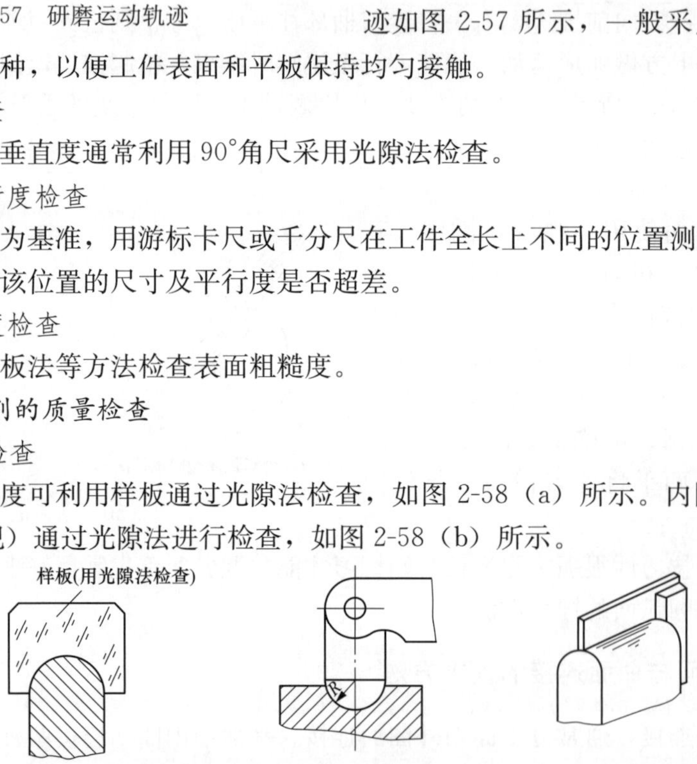

(a) 外圆弧面轮廓度检查　(b) 内圆弧面轮廓度检查　(c) 垂直度检查

图 2-58　曲面锉削质量检查

2. 垂直度检查

圆弧面与邻面的垂直度可利用90°角尺检查，如图2-58（c）所示。

3. 直线度检查

圆弧面横向直线度可利用刀口形直尺检查。

2.6.8 锉削安全技术及常见问题分析

（一）锉削安全技术

（1）使用锉刀前，要检查锉刀是否处于良好状态，锉刀柄是否装牢，不使用无柄或裂柄锉刀进行工作，以免挫伤手心。

（2）使用小型锉刀时，用力不可过大。

（3）进行锉削操作时，要始终保持锉削姿势正确，随时纠正不正确的姿势和动作。

（4）在利用锉刀全长进行锉削时，应防止锉刀柄碰撞工件，避免锉刀脱出，锉刀舌翘起伤人。

（5）锉削产生的铁屑应及时用毛刷清扫。不可用手清除，更不可用嘴吹，防止飞进眼内。

（6）锉削过的工件表面，不可用手摸，因手上的油污、汗水会使锉刀在锉削时打滑。

（7）不应用锉刀代替锤子或撬杠使用。

（8）锉刀在工作台面放置时，不要把锉刀伸出工作台面边缘，以防跌落摔断或伤人；不能与其他金属硬物相碰；锉刀与锉刀不能互相重叠堆放，以免损坏锉齿。

（二）锉削缺陷分析

1. 平面锉削常见缺陷分析

平面锉削时常见缺陷分析见表2-7。

表2-7 平面锉削常见缺陷分析

平面锉削常见缺陷	原因分析
平面中凸、塌边、塌角	未掌握平面锉削操作要领，锉刀前后、左右摇摆
平面对角扭曲	1. 左手或右手施加压力时，重心偏向锉刀的一侧。 2. 工件夹持歪斜

2. 曲面锉削常见缺陷分析

曲面锉削时常见缺陷分析见表2-8。

表2-8 曲面锉削常见缺陷分析

曲面锉削常见缺陷	原因分析
圆弧面不圆而呈多角形	未掌握曲面锉削操作要领，锉削时锉刀各方向的运动控制不协调
圆弧面与相邻垂直侧面的垂直度误差大	1. 锉削时未经常观察加工界面线。 2. 划加工界面线时未进行双面划线
圆弧面横向的直线度误差大	锉刀做前进运动时未保持平直
圆弧面半径过大或过小	锉削操作过程中未及时检查

（三）锉削废品分析

锉削废品分析见表2-9。

表 2-9 锉削废品分析

锉削废品	原因分析
工件被夹坏	1. 台虎钳钳口未加保护衬垫。 2. 工件材料较软。 3. 夹紧力过大
尺寸和形状不准确	1. 划线不准确或锉削过程中没有及时检查尺寸。 2. 锉出加工线。 3. 操作技术不高造成平面中凸
锉削表面质量不符合要求	1. 锉刀粗细选用不当。 2. 锉屑嵌在锉纹中未清除。 3. 粗锉时锉痕太深，以致精锉无法去除
锉伤了不应该锉的表面	1. 锉刀选用不当，锉垂直面时未选用光边锉刀。 2. 锉刀打滑，锉伤邻近表面

2.7 钻孔及锪孔

钻孔是用钻头在实体材料上加工孔的方法，是钳工基本技能操作之一。钳工钻孔一般在钻床上进行，依靠钻头与工件之间的相对运动进行切削。

2.7.1 钻头

图 2-59 孔加工切削运动

钻头是钻孔的主要刀具。钻孔时，钻头同时完成两个运动，钻头的旋转运动称为主运动，钻头的直线运动称为进给运动，见图 2-59。

最常用的麻花钻结构如图 2-60 所示。它是用高速钢制造，由柄部、颈部和工作部分组成。

1. 柄部

柄部是钻头的夹持部分，用来装夹和传递钻孔时所需的扭矩和轴向力。

2. 颈部

颈部是钻头前后部分的连接部分，磨制钻头时供砂轮退刀使用，还可以刻印钻头的规格、商标。

图 2-60 标准麻花钻组成

3. 工作部分

工作部分是钻头的主要部分，包括切削部分和导向部分。

切削部分位于钻头的最前端，承担主要的切削工作。标准麻花钻的切削部分主要由两个前刀面、两个后刀面、两条主切削刃和一条横刃组成，如图 2-61 所示。

导向部分在钻孔时起到引导钻削方向和修光孔壁的作用，同时也是切削部分的备用段。两条螺旋槽的作用是形成切削刃，便于容屑、排屑和输送切削液。

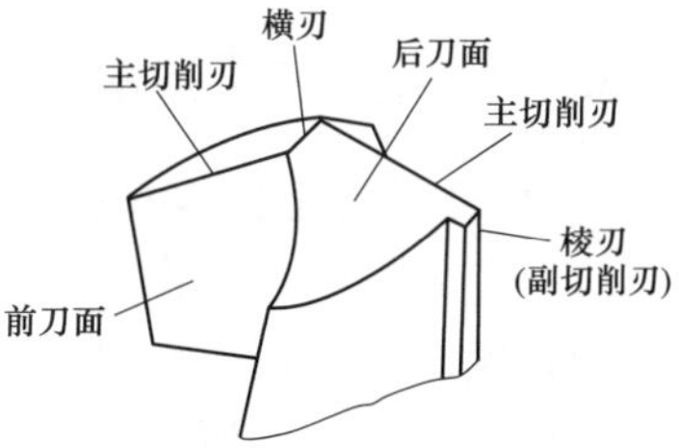

图 2-61 麻花钻切削部分结构

视频 2-17 钻孔操作演示

2.7.2 钻孔操作要领

钻孔操作步骤和操作要领见表 2-10。

表 2-10 钻孔操作步骤和操作要领

序号	操作步骤	具体操作内容
1	划线确定孔中心	按钻孔的位置尺寸要求，划出孔中心位置的十字中心线，要求线条清晰准确
2	打样冲眼并划圆	在孔中心线上打出样冲眼，按孔的大小划出圆周线
3	装夹钻头	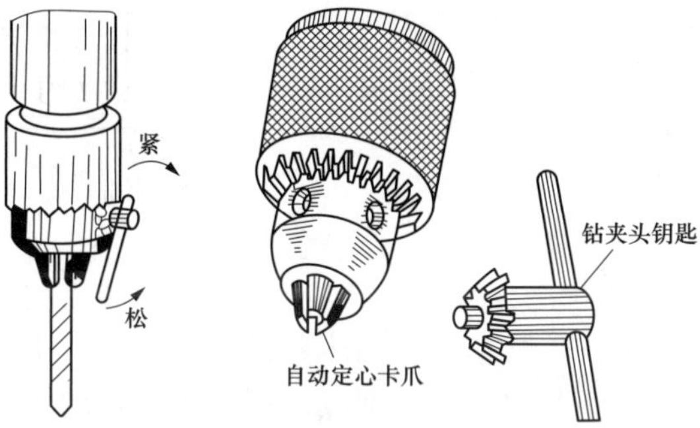 钻床主轴上的钻夹头是装夹直柄钻头的夹具，可自动定中心，装卸钻头时用钻夹头钥匙顺时针转动夹紧或逆时针松开。钻头伸入长度一般不小于 15mm
4	装夹工件	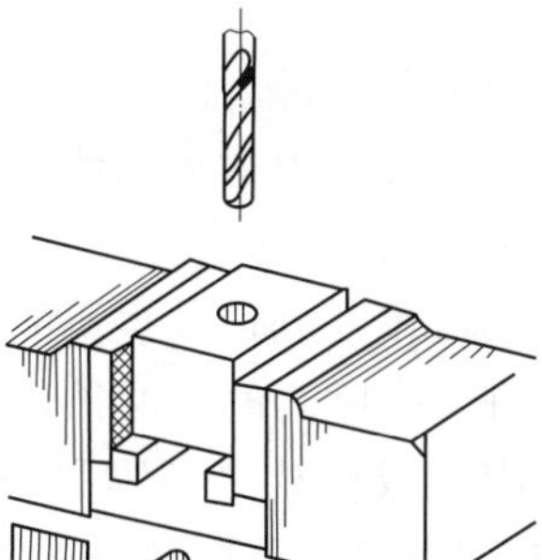 清理干净钻床台面、夹具表面，将工件装夹在钻床平口钳中间，夹紧固定，并保持水平，以防钻孔时因工件移动而导致钻头折断或钻孔位置偏移。工件下面需要垫垫铁或木块
5	找正	转动钻床操作手柄，使麻花钻钻尖接近钻孔中心的样冲眼。操作者应从两个不同的方向进行观察，调整工件的位置，使钻尖对准钻孔中心
6	试钻并检查	1. 旋转主轴，试钻一浅坑。 2. 观察小坑是否偏离中心，若有偏差应修正。试钻的位置正确后才可正式钻孔
7	正常钻削	1. 开动钻床，先空转试车。 2. 钻孔时应断续进给，以便断屑，要经常退钻排屑。 3. 孔即将钻穿时，进给速度应减慢，以减少孔口毛刺，并防止钻头折断

2.7.3 钻孔安全技术及常见问题分析

（一）钻床安全操作规程

（1）严禁戴手套操作（见图2-62），袖口必须扎紧，长发女生必须戴好工作帽。

（2）钻床工作台台面必须保持清洁，禁止堆放物件。

（3）工作前，对所用钻床和工具、夹具、量具要进行全面检查，确认无误后方可操作。

（4）工件装夹必须牢固可靠。

（5）使用钻夹头装卸直柄麻花钻时，需用钻夹头钥匙，不能用锤子等工具敲打。

（6）开动钻床前，应检查是否有钻夹头钥匙插在钻夹头上。

（7）钻削时，必须用夹具夹持工件，禁止用手拿（见图2-63）；钻通孔时，应在工件下部垫上垫块（见图2-64），以免钻坏工作台台面。

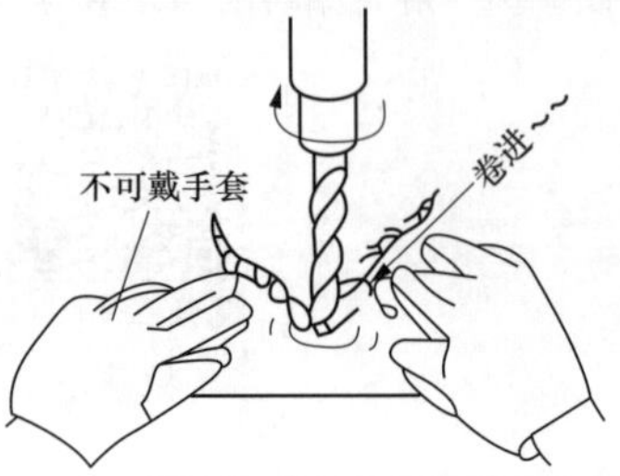

图2-62 钻孔时不可戴手套

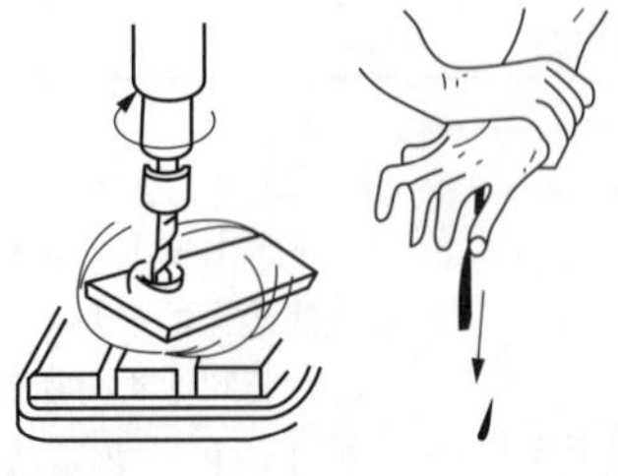
图2-63 不可用手拿工件钻孔

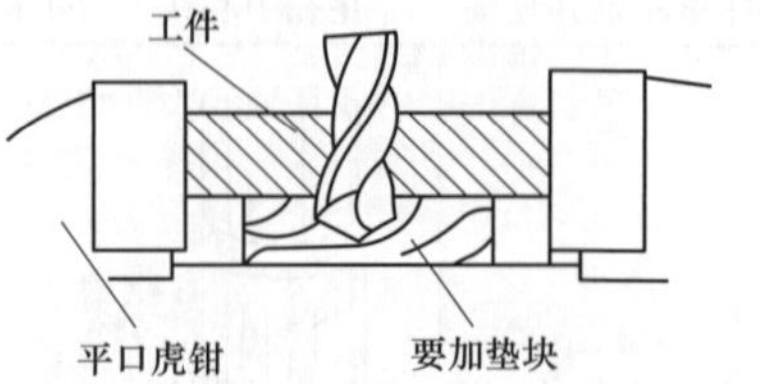

图2-64 钻通孔要加垫块

（8）使用立式钻床前必须先空转试车，在钻床各机构都能正常工作时才可操作。

（9）手动进给时，一般按照逐渐增压和逐渐减压原则进行，用力不可过猛，以免造成事故，见图2-65。

（10）严禁在钻床运转状态下装拆或测量工件。

（11）操作者的头部不能与旋转着的主轴靠得太近，严禁用手触摸旋转的刀具。

（12）孔即将钻穿时，要尽量减小进给量。

（13）停车时应让主轴自然停止，不可用手刹住，也不能用反转制动。

（14）发现工件不稳、钻头松动、进刀有阻力时，必须停车检查，消除缺陷后方可继续。

（15）清扫切屑应该用毛刷，禁止用手或棉纱之类物品清扫，也不能用嘴吹。钻出长铁屑时，要停下钻床，用刷子或铁钩将铁屑清除，见图2-66。

图2-65 用力不可过猛

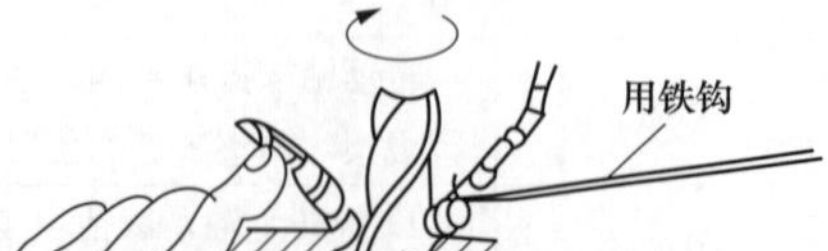

图2-66 清理铁屑应先停钻床

（16）操作者离开钻床时，必须停车。使用完毕应及时切断电源。

（17）钻床使用完毕，必须将机床外露滑动面及工作台台面清理干净，并对各滑动面及各注油孔加注润滑油。

（二）钻孔常见问题分析

钻孔常见问题及原因分析见表 2-11。

表 2-11　　钻孔常见问题及原因分析

钻孔常见问题	原因分析
孔偏移	1. 工件划线或样冲眼中心不准。 2. 工件装夹不稳固。 3. 起钻过偏而没有校正
孔歪斜	1. 钻头与工件表面不垂直。 2. 工件装夹不牢，钻孔时产生歪斜。 3. 进给量过大，使钻头产生弯曲变形
钻头折断	1. 钻头磨钝后仍继续钻孔。 2. 钻孔时未经常退钻排屑，使切屑在钻头螺旋槽内堵塞。 3. 孔即将钻通时，没有减小进给量。 4. 进给量过大。 5. 工件未夹紧，钻孔时产生松动。 6. 钻孔已歪却继续钻削
钻头磨损过快	1. 切削速度过高，冷却不充分。 2. 钻头刃磨不适合该工件材料。 3. 进给量过大

2.7.4 锪孔

锪孔是用锪削方法加工平底或锥形沉孔的操作。

为了保证孔端面与孔中心线的垂直度，使与孔连接的零件位置正确、连接可靠，常需要用锪削的方法对孔口倒角。

锪孔操作与钻孔基本相同。锪孔用的刀具是锪孔钻，也可用较短的麻花钻头改制成锪钻。锪孔时的转速应为钻孔时的 1/3～1/2，并应采用手动进给操作。

2.8 攻螺纹与套螺纹

2.8.1 螺纹基本知识

攻螺纹是用丝锥加工工件内螺纹的操作；套螺纹是用板牙或螺纹切头加工工件螺纹的操作。

内螺纹和外螺纹如图 2-67 所示。

（一）螺纹要素

螺纹的要素有螺纹牙型、公称直径（螺纹大径 D 或 d）、螺纹小径（D_1 或 d_1）、螺距（P）等参数。

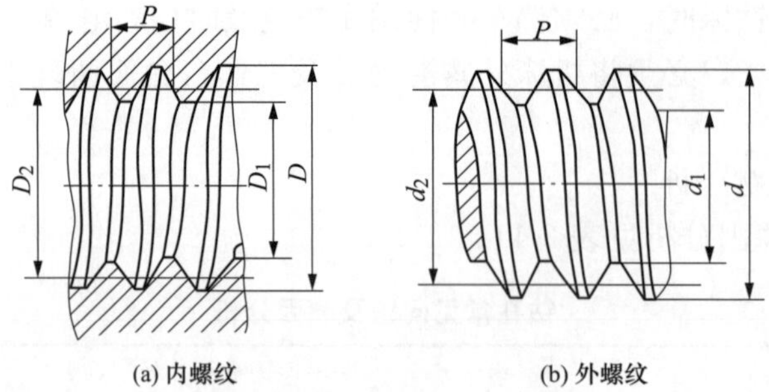

图 2-67 内螺纹和外螺纹

1. 螺纹牙形

螺纹牙形是指在通过螺纹轴线剖面上的螺纹轮廓形状，常见的有三角形、梯形、锯齿形等。

2. 公称直径（螺纹大径 D 或 d）

公称直径是指与外螺纹牙顶或内螺纹牙底相切的假想圆柱或圆锥的直径。

3. 螺纹小径（D_1 或 d_1）

螺纹小径是指与外螺纹牙底或内螺纹牙顶相切的假想圆柱或圆锥的直径。

4. 螺距（P）

螺距是指相邻两牙在中径线上对应两点间的轴向距离。

（二）普通螺纹代号表示方法

细牙普通螺纹用字母 M＋公称直径×螺距表示。例如 M20×1.5，表示公称直径为 20mm，螺距为 1.5mm 的细牙普通螺纹。

粗牙普通螺纹用字母 M＋公称直径表示。例如 M6，表示公称直径为 6mm 的粗牙普通螺纹，螺距可省略不标注。

2.8.2 攻螺纹

攻螺纹俗称攻丝，是用一定的扭矩将丝锥旋入孔中，加工出内螺纹的操作，是钳工加工内螺纹一种最常用的方法，简单方便，应用广泛。

（一）丝锥和铰杠

攻螺纹工具包括丝锥与铰杠。

1. 丝锥

丝锥是专门用来加工小直径内螺纹的成形刀具，一般用合金工具钢制造，并经热处理淬硬，其结构如图 2-68（a）所示。

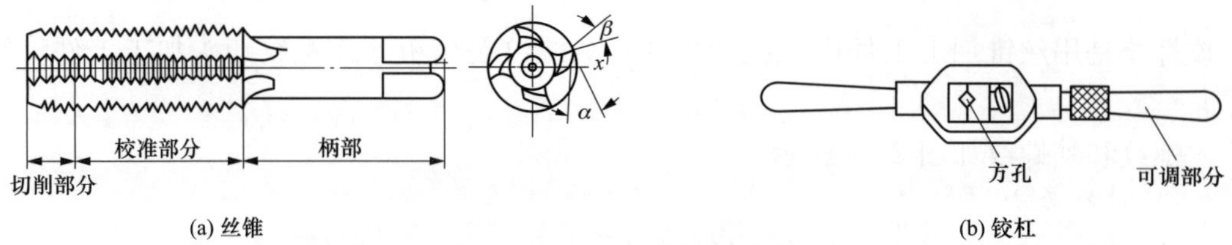

图 2-68 丝锥与铰杠

丝锥的基本结构形状像一个螺钉，轴向有几条容屑槽便相应地形成几瓣刀刃（切削刃）。

丝锥的前端（即不完整的牙齿部分）是切削部分，有锋利的切削刃，常磨成圆锥形，以便使切削负荷分配在几个刀齿上。

丝锥的中间是校准部分，有完整的牙齿，起修光螺纹和引导丝锥的作用。

丝锥轴向上一般有 3、4 条容屑槽，用于容屑、排屑，同时形成刀刃。

丝锥柄部尾端为方头，用来与铰杠相配合并传递切削扭矩。

为了减小切削力，延长丝锥的使用寿命，一般将整个切削量分配给几支丝锥承担。

通常 M6～M24 的丝锥一套为两支，即头锥和二锥。两支丝锥的外径、中径和内径均相等，只是切削部分的长短和锥角不同。头锥的切削部分较长，锥角较小，约有六个不完整的齿，以便切入；二锥的切削部分则要短些，锥角较大，约有两个不完整的齿。

M6 以下及 M24 以上的丝锥一套为三支，即头锥、二锥和三锥。

2. 铰杠

铰杠是用来夹持丝锥的工具，如图 2-68（b）所示。

常用的可调节式铰杠通过旋动右边的手柄可调节方孔的大小，以便夹持各种不同尺寸的丝锥。

（二）攻螺纹前底孔直径的确定

攻螺纹前要先钻孔，钻孔直径应略大于螺纹小径。这是因为攻螺纹时，丝锥在切削材料的同时，还对材料产生挤压，使材料向螺纹牙尖流动。若攻螺纹前底孔直径与螺纹小径相等，被挤出的材料就会卡住丝锥甚至使丝锥折断。因此，底孔直径的大小必须保证攻螺纹时既有足够的容屑空间，又能够使加工出的螺纹有完整的牙形。

底孔直径的大小可查表或根据经验公式计算，经验计算公式如下：

加工钢料及塑性金属 $d=D-P$

加工铸铁及脆性金属 $d=D-1.1P$

式中：D 为公称直径，mm；P 为螺距，mm。

（三）攻螺纹方法及注意事项

攻螺纹的基本步骤见图 2-69 和表 2-12。

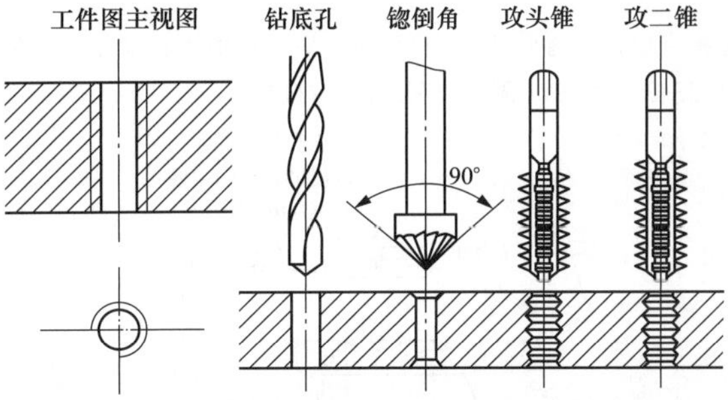

图 2-69 攻螺纹的基本步骤

视频 2-18 攻螺纹操作演示

攻螺纹操作注意事项：

（1）起攻时为了使丝锥切入，需要施加轴向压力；待丝锥已旋入，应只转动而不加压。

（2）攻螺纹的过程中，要经常退出丝锥，清除切屑。

表 2-12　　攻螺纹操作步骤

序号	操作步骤	操作说明
1	孔口倒角	用锪孔钻低速锪孔，轻点孔口，进行孔口倒角（两端倒角）。 攻螺纹开始前先对孔口倒角的目的是便于丝锥定位，容易切入，同时防止孔口出毛边或崩裂
2	选择丝锥	根据工件上螺纹孔的规格，正确选择丝锥，先头锥，后二锥，不可颠倒使用
3	安装丝锥	根据丝锥大小选用合适的铰杠，并将头锥安装好
4	夹持工件	工件夹持时，根据工件形状的不同，可在钳口处使用V形铁或软钳口；工件应夹紧夹正，孔中心线应垂直于钳口，防止螺纹攻歪
5	头锥起攻	将丝锥切削部分垂直插入孔中，对丝锥垂直施加压力并开始转动铰杠，起攻。 具体方法如下：可用一只手的手掌按住铰杠中部，沿丝锥轴线方向用力加压，另一只手与之配合做顺时针旋进，见图（a）；也可两手握住铰杠两端均匀施加压力，并使铰杠保持顺时针水平转动，见图（b） 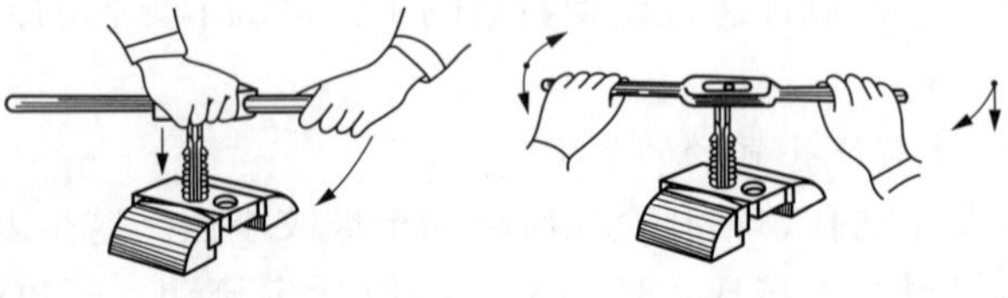 (a)　　(b)
6	检查与校正	当丝锥旋入孔内1～2圈后，要仔细观察和校正丝锥是否与孔端面垂直。可用肉眼直接观察或用90°角尺检查。若丝锥与孔端面不垂直，丝锥要重新切入 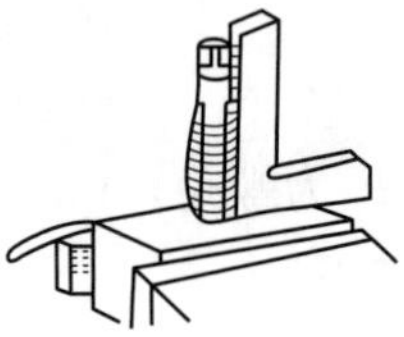
7	正常攻螺纹	确认丝锥与孔端面垂直后，可两手紧握铰杠两端，只转动而不再加压，以免丝锥崩牙。注意每正转1/2～1圈后应反转1/4～1/2圈，以利断屑、排屑 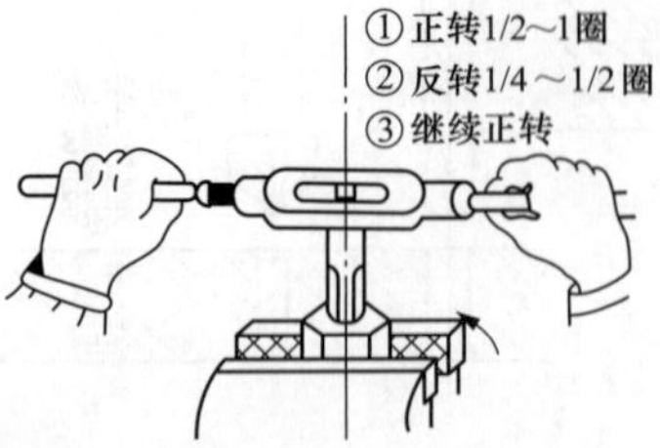
8	退锥	攻好螺纹后，将丝锥轻轻正转退出。 应避免快速转动铰杠，最好用手旋出，以保证已攻好的螺纹质量不受影响
9	攻二锥	用手将二锥先旋入已攻出的螺纹中，至不能再旋进时，再使用铰杠不加压力地转动

（3）攻螺纹时，如果感到费力或听到响声，不可强行转动，应将丝锥退出，清理切屑后再继续攻削。

（4）攻较硬材料时，应分两到三次逐步切削。先用头锥攻螺纹，再继续攻二锥、三锥，不可颠倒使用。每更换一锥，要用手将丝锥先旋入已攻出的螺纹中，至不能再旋进时，再使用铰杠。

（5）攻通孔时，丝锥的完整牙形部分必须完全通过孔的全长，以防螺纹不完整。同时注意丝锥的校准部分不能全部攻出底孔口，以防退丝锥时造成螺纹烂牙。

（6）退丝锥时，为保证已攻好的螺纹质量不受影响，最好用手旋出。注意，退出丝锥时不能让丝锥掉落。

（7）攻螺纹时，常加少许润滑液来减小孔壁与丝锥间的摩擦，以提高螺纹的表面质量，延长丝锥的使用寿命。

（8）不要用手拉或用嘴吹切屑，以防切屑刺伤手指和飞入眼中。

（9）检查螺纹前，应将螺纹表面的切屑清理干净，去掉毛刺，以免影响螺纹质量。

（四）折断丝锥的处理方法

攻螺纹时，若丝锥折断，应仔细观察，分析情况，采用适当的方法谨慎操作，退出断锥。

若折断部分露在孔外，可小心地用钳子旋出，或用錾子沿旋出方向慢慢转着敲出丝锥折断部分；若丝锥断在螺孔内，可用钢丝或带凸爪的专用旋出器，插入丝锥槽中将折断部分取出。

2.8.3 套螺纹

套螺纹俗称套丝，是用板牙在圆柱或管子的外表面加工出外螺纹的操作，是钳工加工外螺纹一种最常用的方法，简单方便，应用广泛。

（一）套螺纹工具

套螺纹的工具包括板牙和板牙架，常用的是圆板牙及其板牙架，如图 2-70 所示。

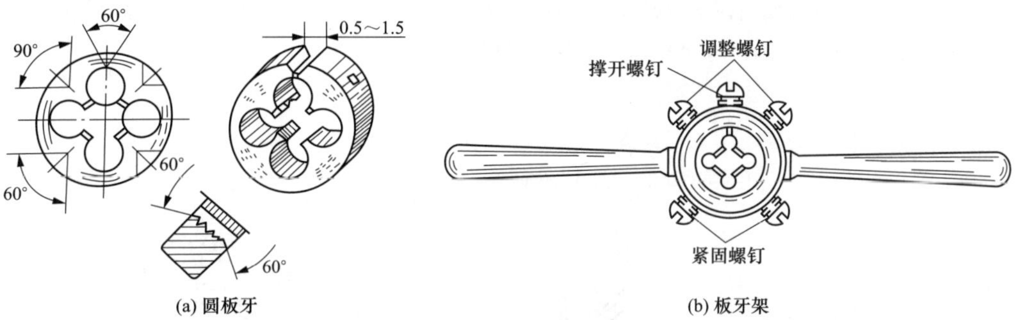

图 2-70　圆板牙及其板牙架

1. 圆板牙

圆板牙是加工外螺纹的常用刀具，由合金工具钢制成并经热处理淬硬，如图 2-70（a）

所示。其外形像一个圆螺母，上面钻有几个排屑孔，并形成刀刃。一般有 3 或 4 个排屑孔；两端有 60°的锥度，起着主要的切削作用；定径部分起修光作用。板牙的外圆有一条深槽和四个锥坑，锥坑用于定位和紧固板牙。

2. 板牙架

圆板牙是安装在板牙架上使用的。板牙架用来夹持圆板牙，传递扭矩，如图 2-70（b）所示。

使用时，先将圆板牙装入板牙架内，再将板牙架上的紧固螺钉对准板牙外圆上的锥坑和深槽顶紧，以达到紧固连接、传递扭矩的目的。

（二）套螺纹前圆杆直径的确定

与攻螺纹一样，用板牙在圆杆上套螺纹时，板牙在切削材料的同时，也会产生挤压作用，使材料产生塑性变形，因此，圆杆直径应稍小于螺纹公称直径。

视频 2-19 套螺纹操作演示

可参照经验公式计算： $d_{杆}=d-0.13P$

式中：d 为螺纹公称直径，mm；P 为螺距，mm。

（三）套螺纹方法及注意事项

套螺纹过程与攻螺纹相似，操作步骤见表 2-13。

表 2-13 套螺纹操作步骤

序号	操作步骤	操作说明
1	夹持工件	1. 因套螺纹时切削力较大且工件为圆形，工件在台虎钳上夹持时应在钳口处使用 V 形块或软金属衬垫才能将圆杆夹紧。 2. 圆杆套螺纹部分离钳口要尽量靠近，以免工件弯曲变形
2	圆杆端部倒角	套螺纹开始前，应先用锉刀对圆杆端部进行倒角，以便于板牙容易对准工件中心和切入材料
3	安装板牙	将圆板牙装入板牙架内，再将板牙架上的紧固螺钉对准板牙外圆上的锥坑和深槽顶紧
4	起套	将板牙套在圆杆头部倒角处，并保持板牙与圆杆垂直。 具体方法如下：右手握住板牙架的中间部分，沿圆杆轴向施加适当压力，左手配合将板牙架的手柄顺时针方向转动；也可两手握住板牙架手柄均匀用力（两手应尽量靠近板牙架中间），将板牙架顺时针水平转动，在转动的同时施加垂直压力 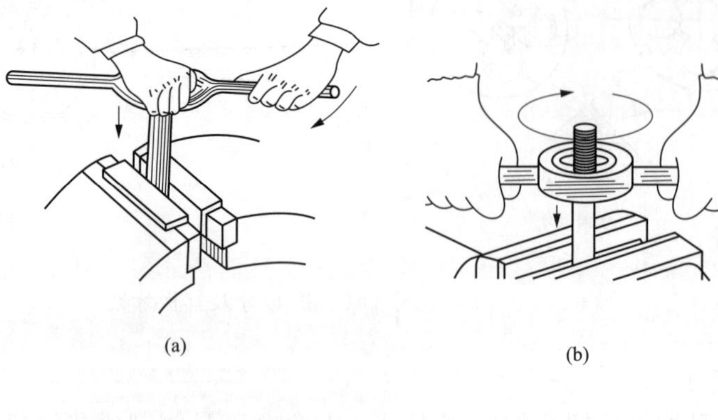 (a) (b)

续表

序号	操作步骤	操作说明
5	检查与校正	在板牙旋入圆杆 2～3 圈时，检查板牙架与圆杆的垂直度。若发现歪斜，应纠正后再套
6	正常套螺纹	1. 当板牙位置正确后，再往下套就可只转动不加压，让板牙自然旋入，以免因压力过大损坏螺纹和板牙，并经常反转，以便断屑。 2. 通常在正转 1/2～1 圈后，需反转 1/4～1/2 圈，直至套完整个螺纹长度，再反转退出板牙架 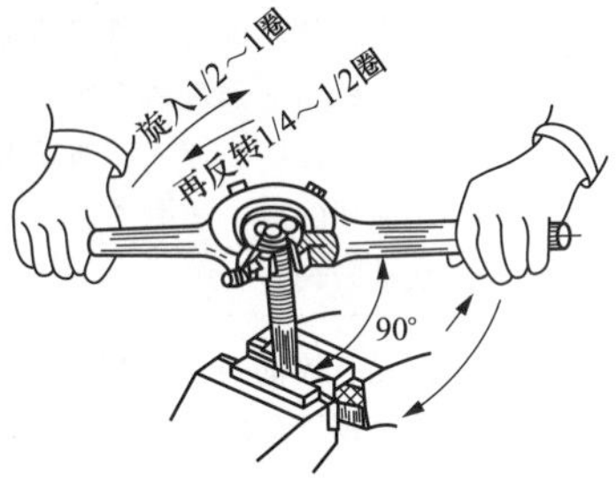

套螺纹操作注意事项：

（1）每次套螺纹前应将板牙排屑槽内及螺纹内的切屑清除干净。

（2）套螺纹前应先检查圆杆直径和倒角是否符合要求。

（3）夹持工件时必须使用软衬垫，以防夹伤工件；工件伸出钳口部分应尽量短，满足套螺纹必需的长度即可。

（4）起套时要检查板牙端面与圆杆轴线的垂直度，套螺纹过程中也应该经常检查，保证板牙端面与圆杆轴线始终垂直。

（5）起套时为了使板牙切入工件，要在转动板牙时施加轴向压力，转动要慢；待板牙已旋入切出的螺纹后，就应只转动而不加压，以免损坏螺纹和板牙。

（6）套螺纹时两手用的旋转力矩要始终保持均衡，以避免螺纹偏斜。若发现稍有偏斜，要及时调整两手力量进行纠正；若偏斜过多则不能强行纠正，以防损坏板牙。

（7）套螺纹过程中应经常反转断屑。尤其当套螺纹已经感到很费力时，不可强行转动，应将板牙倒退出，清理切屑后再套。

（8）在套螺纹时可加少许润滑油，以保持良好的切削性能，改善螺纹的表面粗糙度，延长板牙使用寿命。

（9）检查螺纹质量前，应将工件去掉毛刺，擦拭干净。

2.8.4 攻螺纹与套螺纹常见问题分析

攻螺纹常见问题分析见表 2-14。

套螺纹常见问题分析见表 2-15。

表 2-14 攻螺纹常见问题分析

攻螺纹常见问题	原因分析
丝锥崩刀、折断或磨损过快	1. 底孔直径偏小，强行攻入。 2. 丝锥位置不正，单边受力太大或强行纠正。 3. 两手用力不均匀或用力过猛。 4. 没有经常反转断屑或清屑，产生切屑堵塞现象。 5. 丝锥磨钝，切削阻力太大
螺纹烂牙	1. 底孔直径太小，丝锥不易切入，孔口烂牙。 2. 攻螺纹时，铰杠掌握不稳，左右摇摆。 3. 丝锥与底孔端面不垂直，强行矫正。 4. 进入正常攻螺纹阶段仍然加压。 5. 攻二锥时，没旋入头锥切出的螺纹。 6. 未及时排屑，造成切屑堵塞。 7. 未加切削液，润滑条件差。 8. 丝锥磨钝
螺纹滑牙	1. 在强度较低的材料上攻小螺孔时，丝锥已切出螺纹但仍继续加压力。 2. 攻完螺纹退出丝锥，在快退出孔口时，用力连铰杠一起直接拉出，而非正常旋转退出
螺纹牙深不够	1. 攻螺纹前底孔直径过大。 2. 丝锥磨钝或切削刃刃磨不对称
螺孔歪斜	1. 丝锥与底孔端面不垂直。 2. 攻螺纹时两手用力不均衡，倾向一侧

表 2-15 套螺纹常见问题分析

套螺纹常见问题	原因分析
板牙崩齿、破裂或磨损过快	1. 圆杆直径过大或端部未倒角。 2. 板牙端面与圆杆轴线不垂直。 3. 未经常反转断屑，造成切屑堵塞。 4. 未选用切屑液
螺纹烂牙	1. 圆杆直径过大，起套困难。 2. 套入 1～2 圈后仍施加压力。 3. 强行校正已套歪的螺纹。 4. 套螺纹过程中板牙未及时反转，致使切屑堵塞，把螺纹啃坏。 5. 未使用合适的切屑液。 6. 板牙架掌握不稳，左右摇摆
螺纹歪斜	1. 圆杆端部倒角不符合要求，导致板牙端面与圆杆轴线不垂直。 2. 起套时，板牙切入歪斜。 3. 两手用力不均匀使板牙位置发生歪斜
螺纹太浅	1. 圆杆直径过小。 2. 将板牙直径调节过大

3 制作扁尾锤

本书以扁尾锤制作为载体，以完成实训项目、创造劳动成果的形式，实现学习者对钳工基础知识的学习和基本技能的训练；通过安全知识学习、工件图分析、工艺方案设计、任务准备和实施、工件质量检测分析、实训报告撰写等钳工完整工作过程的训练，培养学习者良好的工作习惯和职业素养。此项目适用于学时安排为 2 周的大部分学习者。

3.1 扁尾锤制作项目任务书

3.1.1 扁尾锤工件图及制作要求

将 ϕ32 材料为 Q235 的圆钢截取一段，加工制作成如图 3-1 所示的扁尾锤，达到图样规

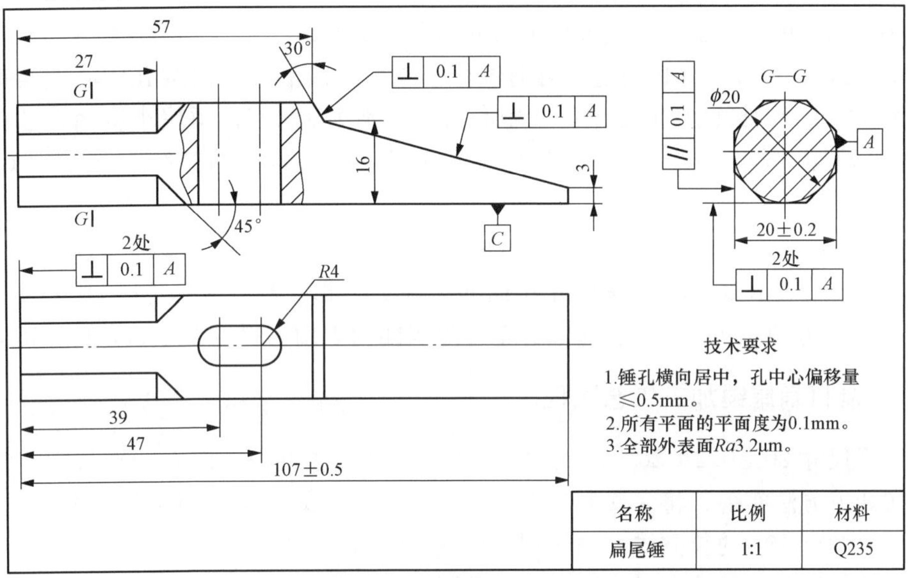

(a) 零件图

(b) 实物图

图 3-1 扁尾锤

视频3-1 扁尾锤实物展示

定的形状、尺寸、精度及表面粗糙度等各项要求。

3.1.2　扁尾锤评分标准

扁尾锤评分标准见附表1。

3.2　任务分析

3.2.1　识读扁尾锤工件图

认真研读工件图，建立工件结构、形状的空间立体概况，知悉各部位的加工尺寸、精度、表面粗糙度要求及图样上的技术要求内容，不可遗漏。

1. 工件概况

由图3-1（a）可知，扁尾锤用材为普通碳素结构钢Q235。

扁尾锤的大致形状由锤头、锤孔、锤尾三部分构成。锤头部分为正八棱柱形状，与锤身连接处有四个小斜面；锤中部有一个腰形锤孔；锤尾部分有两个倾斜平面。

2. 工件尺寸和技术要求

由图3-1（a）可知，扁尾锤最大外形尺寸为（20±0.2）×（20±0.2）×（107±0.5），锤头为长27的正八棱柱，与锤身连接处有四个小斜面；腰形锤孔两圆孔中心线与锤头端面距离分别为39和47，锤孔横向居中，孔中心偏移量不大于0.5；锤尾小斜面与圆孔中心线呈30°夹角，锤尾大斜面末端与基准面C的距离为3，两斜面的交线与基准面C的距离为16。

扁尾锤外表面所有平面的平面度为0.1mm。主要平面与基准面之间均有平行度或垂直度要求，// 0.1 A 表示该平面与基准面A面的平行度要求不大于0.1，⊥ 0.1 A 表示该平面与基准面A面的垂直度要求不大于0.1。全部外表面的表面粗糙度要求Ra值为3.2μm。

3.2.2　制订扁尾锤加工工艺流程

工件外形尺寸20±0.2、20±0.2、107±0.5，以及各表面平面度、平行度、垂直度等要求，可按如下方法实现：将ϕ32材料为Q235的圆钢截取一段，经测量与划线、锯削和锉削加工成20×20×107的长方体，并达到各项技术要求。

锤孔部分的形状、尺寸、对称度等，可经测量与划线、钻孔、锉削完成。锤头部分的形状、尺寸、对称度、平面度等，可经测量与划线、锉削完成。锤尾部分的形状、尺寸、平面度等要求，可经测量与划线、锯削、锉削完成。全部外表面的表面粗糙度要求可经精加工与砂光完成。综上所述，扁尾锤加工流程有下料、加工长方体、加工锤孔、加工锤头、加工锤尾、精加工与砂光六个环节，如图3-2所示。

各步骤主要加工内容及图示如下。

第一步：下料。下料内容及图示见表3-1。

第二步：加工长方体。长方体加工内容及图示见表3-2。

第三步：加工锤孔。锤孔加工内容及图示见表3-3。

第四步：加工锤头。锤头加工内容及图示见表3-4。

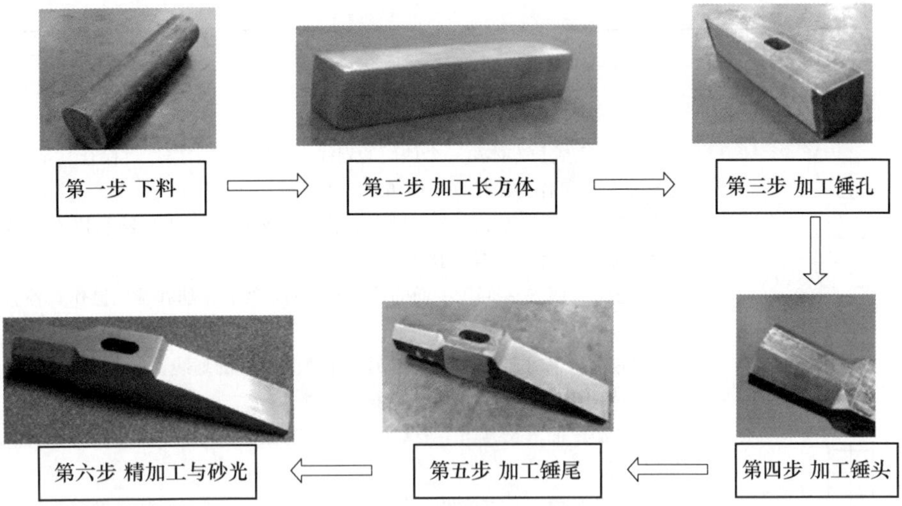

图 3-2 扁尾锤加工流程

表 3-1 下料内容及图示

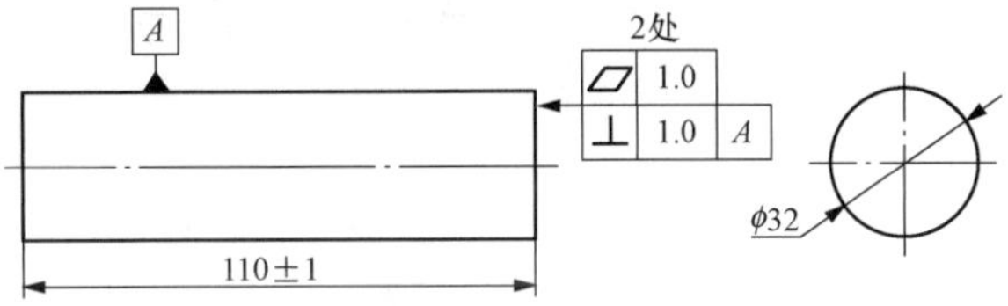

选材 Q235，将 ϕ32 圆钢截取一段，长度为 110mm

表 3-2 长方体加工内容及图示

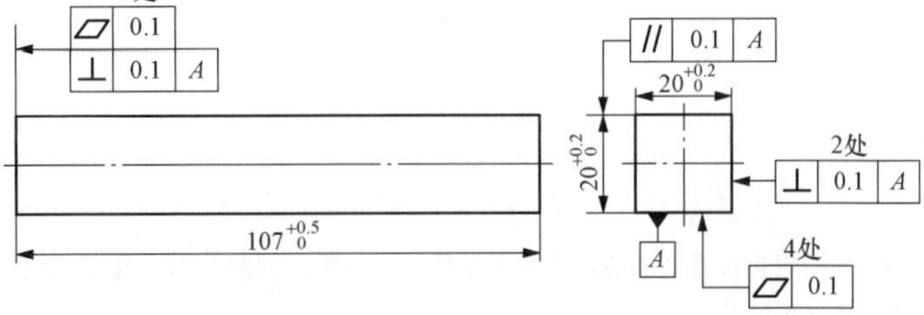

续表

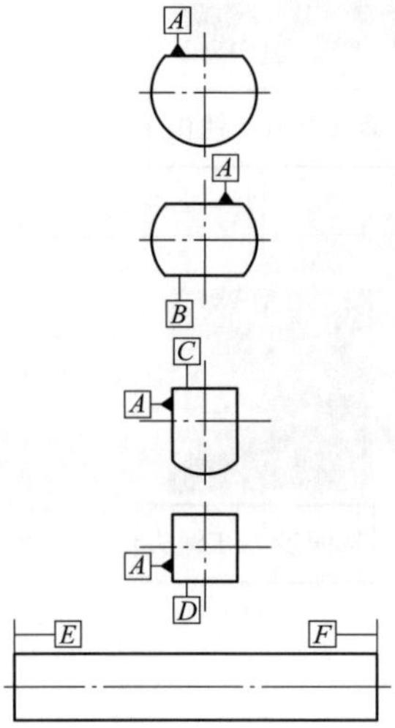	1. 首先完成长方体第一个侧面的划线、锯削和锉削操作，检查其平面度，满足技术要求后即可作为工件基准面 A 面。 2. 完成 B 面（基准面 A 面的平行面）的划线、锯削和锉削操作，检查其尺寸、平面度、平行度，要满足技术要求。 3. 完成 C 面（基准面 A 面的垂直面）的划线、锯削和锉削操作，检查其平面度、垂直度，要满足技术要求。 4. 完成 D 面（基准面 A 面的另一个垂直面）的划线、锯削和锉削操作，检查其尺寸、平面度、垂直度，要满足技术要求。 5. 完成 E 面（长方体一个端面）的锉削操作，检查其平面度、垂直度，要满足技术要求。 6. 完成 F 面（长方体另一个端面）的划线、锯削和锉削，检查其尺寸、平面度、垂直度，要满足技术要求

表 3-3　锤孔加工内容及图示

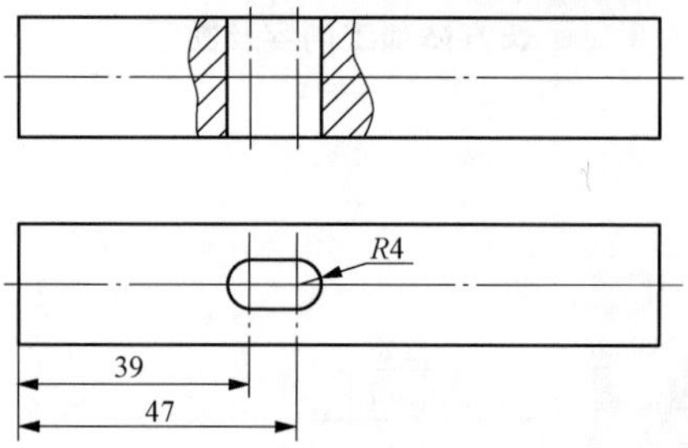

1. 划线定位锤孔两圆心，检查无误后打样冲眼，划圆并划锤孔加工线。
2. 钻削两圆孔。
3. 锉削修整锤孔

表 3-4 **锤头加工内容及图示**

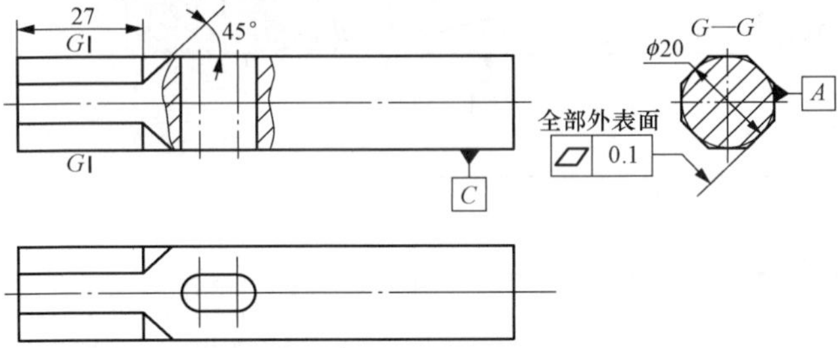

1. 划锤头正八棱柱加工线，锉削至各边宽相等。
2. 划锤头小斜面加工线，锉削出四个小斜面

第五步：加工锤尾。锤尾加工内容及图示见表 3-5。

表 3-5 **锤尾加工内容及图示**

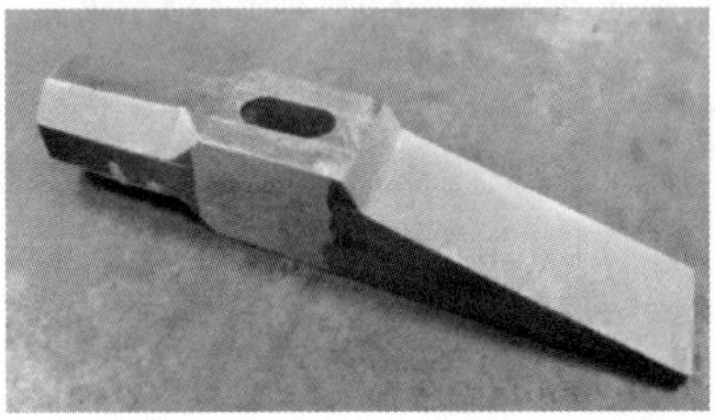

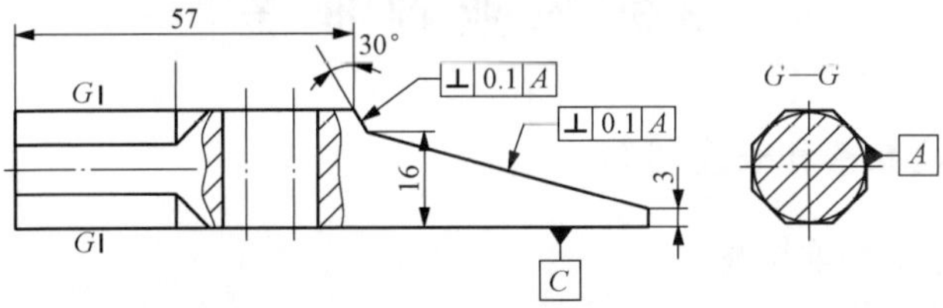

划锤尾加工线，进行锯削和锉削，直至满足技术要求

第六步：精加工与砂光。精加工与砂光加工内容及图示见表 3-6。

表 3-6 精加工与砂光加工内容及图示

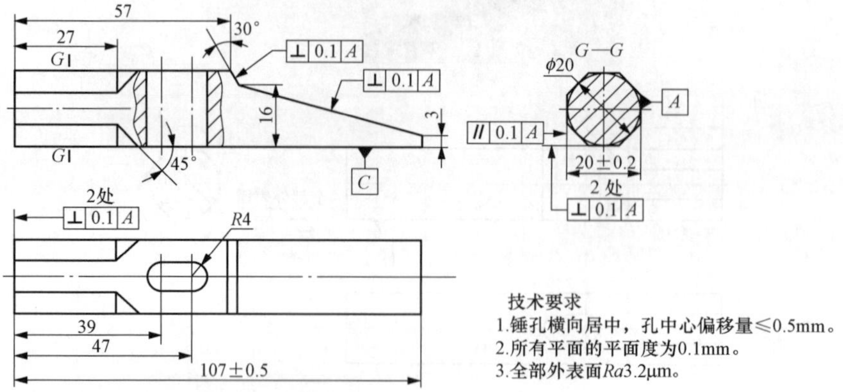

1. 用细齿锉修整所有尺寸至图样要求，并理顺纵向锉纹。
2. 用砂纸砂光至满足技术要求

3.2.3 扁尾锤加工注意事项

（1）加工时要认真识读工件图，知悉尺寸、几何公差，按照加工工艺进行。

（2）划线前，一定要先保证基准面的几何公差要求，以保证划线的准确性。

（3）测量工件时，要注意测量方法正确，以保证测量精度。

（4）正确使用工具；工具应定位摆放整齐，做到随用随拿，用后归位。

（5）钻孔时，务必严格遵守钻床安全操作规程，注意人身及设备安全。

（6）加工结束后应清理现场，所有物品应按规定有序存放，台虎钳钳口应自然合拢，手柄垂直向下。

3.3 作业前准备

3.3.1 作业环境准备和安全检查

1. 对作业环境进行选择和整理

实训人员确定工位。

2. 对常用设备和工具进行安全检查

（1）设备检查。检查钳工台是否平稳、结实，安全网是否安装牢固；检查钻床的电源开关是否安全可靠，平口钳是否牢固，手柄是否灵活。

（2）工具准备并检查。检查台虎钳的底盘及钳口是否固定，手柄是否灵活。准备好淡金水和排刷，划线平板、V形铁、游标高度尺、游标卡尺、钢直尺、刀口形直尺、90°角尺、划针、手锯、锯条、粗齿锉、细齿锉、ϕ6.5小圆锉、6.5mm小方锉、ϕ7.2钻头、样冲、锤子、软钳口、毛刷、0号砂纸等，并检查工具是否完好。

3.3.2 材料准备

准备ϕ32材料为Q235的一段圆钢。

3.4 作业项目实施

根据已制订的加工工艺和准备好的工具及设备等，进行扁尾锤的分步加工。

视频3-2 下料

3.4.1 第一步：下料

【加工内容及要求】

将ϕ32的圆钢截取110mm，并达到图3-3中所示的各项技术要求。

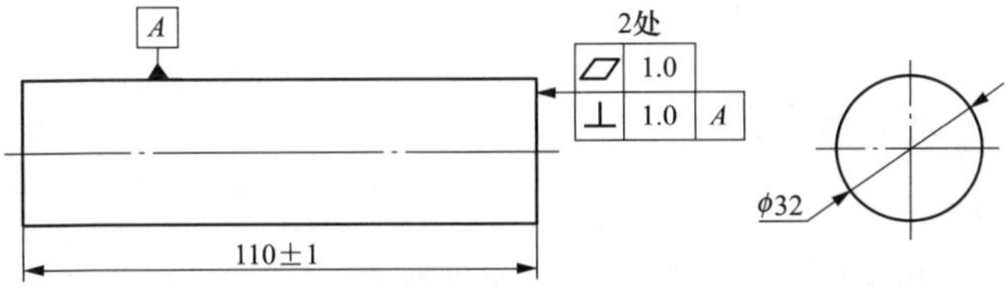

图3-3 下料加工要求

1. 工具及设备

钢直尺、划针、手锯、锯条、毛刷、台虎钳。

2. 操作步骤

（1）划线。将ϕ32的圆钢坯料水平放置在钳工台上，用钢直尺沿长度方向量取110mm，划出锯削加工线。

（2）工件夹持并锯削。将工件水平夹持在台虎钳上，按照锯削操作方法和动作要领，进行起锯和锯削操作。当工件即将锯断时，左手扶住工件，右手轻施加压力，慢慢将工件锯断。

（3）工件检查与清理。锯削完成后，检查工件尺寸是否合格及有无缺陷，将工件表面锈迹、污垢清理干净。

下料操作注意事项及常见错误见表3-7。

表3-7 下料操作注意事项及常见错误

注意事项	常见错误
1. 工件在台虎钳上应夹正、夹牢，伸出钳口的部分要短，锯缝应靠近钳口，避免锯削时产生振动。 2. 锯条安装应注意齿尖朝前，松紧适当。 3. 要注意起锯方法和起锯角度的正确。 4. 锯削时应把持锯弓不左右摇晃，走满弓。 5. 锯削时应注意保持锯条面垂直向下，要随时观察锯缝的平直情况，发现歪斜应及时纠正。	1. 锯条安装时齿尖朝后。 2. 锯缝歪斜过多

续表

注意事项	常见错误
6. 控制锯削时的压力和速度，不可过快，杜绝冲击型走锯。 7. 为使锯削断面尽量平整，锯削面要一次锯削完成。 8. 工件快锯断时用力要轻、要缓，以免碰伤手臂和折断锯条。同组同学可帮助扶住被锯下的部分，避免掉落伤人。 9. 锯削中要注意工具的定位摆放要求，做到随用随拿、用后归位	1. 锯条安装时齿尖朝后。 2. 锯缝歪斜过多

【检测与评价】

各团队自主进行自检和互检，有效进行工作反馈与经验交流。通过质量分析，发现问题，研究问题，提出改进方案，进一步提高工件质量。

（1）工件展示。在团队内展示自己的工件。

（2）自我评述。客观评述工件，准确表述优缺点；对操作过程中遇到的问题或存在的不当方法，提出改进计划。

（3）队友点评。听取并记录队友对自己工件的评价和改进建议，取长补短，共同进步。

（4）填写下料检测评价表（见附表 2）。

3.4.2 第二步：加工长方体

【加工内容及要求】

将 ϕ32×110mm 的圆柱体经划线、锯削和锉削加工成 20mm×20mm×107mm 的长方体，并达到图 3-4 中所示的各项技术要求。

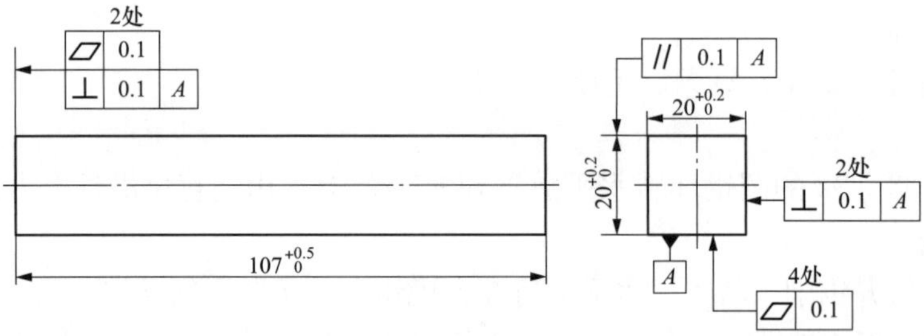

图 3-4 长方体加工要求

加工长方体时，推荐按照如下顺序进行，以便快速、准确地达到规定的技术要求。

（1）先加工出基准面，保证其平面度，此面以后不再加工。

（2）基准面加工完成后，先加工其平行面，后加工其垂直面。即在达到规定的平行度要求后，再加工相关垂直面。一方面便于控制尺寸，另一方面方便测量平行度，在保证垂直度的同时，可以进行平行度、垂直度两项误差的测量比较，减少累积误差。

视频 3-3 加工基准面（A 面）

（一）加工基准面（A 面）

【加工内容及要求】

基准面（A 面）加工要求如图 3-5 所示。

基准面是工件其余各面加工和测量的基准，必须在基准面加工达到规定的技术要求之后，才能再加工其他各面。为了减少累积误差，平面度要求应

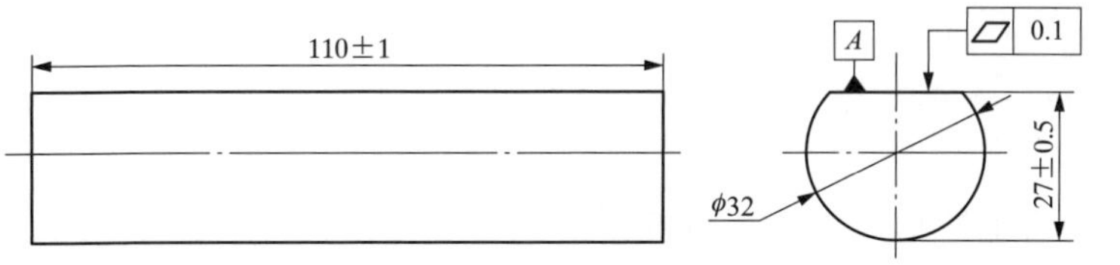

图 3-5 基准面加工要求

高于图纸要求。

1. *A* 面划线

长方体 *A* 面划线方法如图 3-6 所示。

（1）工具及设备。淡金水和排刷，划线平板、V 形铁、游标高度尺。

（2）操作步骤。

1）工件涂色。将工件划线处涂色。

2）工件安放。将工件水平放置在 V 形铁的 V 形槽内。

3）测量工件高度尺寸 *L*。将游标高度尺划爪底面紧贴在工件圆柱的上部，读数记为 *L*。

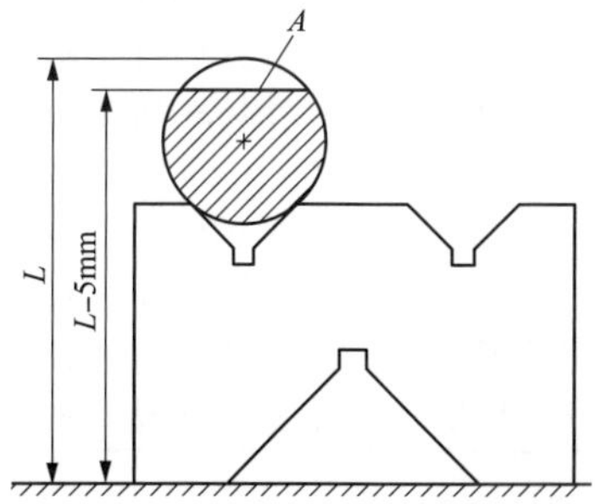

图 3-6 长方体 *A* 面划线操作示意

4）调整游标高度尺尺寸至 $L-5$mm，拧紧紧固螺钉。

5）划 *A* 面加工界线。左手固定住工件和 V 形铁；右手移动高度尺底座，使高度尺划爪与工件表面做点接触；稍加压力，在划线平板上平稳移动高度尺底座，用高度尺划爪沿工件四周划出 *A* 面加工界线。

6）检查与校对：检查划线尺寸的准确性，以及是否有错划、漏划的线条。

A 面划线操作注意事项及常见错误见表 3-8。

表 3-8 *A* 面划线操作注意事项及常见错误

注意事项	常见错误
1. 工件涂色时，涂层要薄而均匀。 2. 应注意游标高度尺的正确读数方法。 3. 工件、V 形铁和游标高度尺应安放在划线平板中间，以防跌落；左手大拇指应压住工件顶部，与其余四指同时固定住工件和 V 形铁，以防止划线时工件滚动或偏斜。 4. 划线时游标高度尺的紧固螺钉应拧紧；应通过移动游标高度尺底座来划线；高度尺划爪与工件表面应做点接触，倾斜划线。 5. 加工界面的四根线应一次性划全，避免补划。 6. 划线动作要自然、协调，尺寸要准确，线条要清晰、均匀、完整	1. 圆钢表面未清理就涂色划线。 2. 涂层过厚导致线条粗且涂层脱落。 3. 紧固螺钉未拧紧。 4. 划线过程中工件发生滚动或偏斜，导致划线失败。 5. 右手直接握住游标高度尺的划爪划线。 6. 高度尺划爪与工件不是点接触、倾斜划线，导致动作不协调，线条不流畅。 7. 漏划线条。 8. 尺寸错误。 9. 同一平面内四根加工界线不封闭，有错位现象

2. *A* 面锯削

（1）工具及设备。手锯、锯条、毛刷、台虎钳等。

（2）操作步骤。

1）工件夹持。将工件垂直夹持在台虎钳一侧，应夹正、夹牢，保证加工线垂直于钳口。

2）按照锯削操作方法和动作要领，在加工线外约 1mm 处进行起锯和锯削。

A 面锯削操作注意事项及常见错误见表 3-9。

表 3-9　A 面锯削操作注意事项及常见错误

注意事项	常见错误
1. 夹持工件时，工件伸出钳口要短，加工界线应靠近钳口且与钳口垂直。 2. 锯条安装应注意齿尖朝前，松紧适当。 3. 要注意起锯方法和起锯角度。 4. 锯削操作要始终在线外进行，以保留加工线；锯条侧面应始终与划线平面平行。 5. 把持锯弓不左右摇晃，走满弓。 6. 走锯速度要均匀，压力要合适，杜绝冲击型走锯。 7. 要随时观察锯缝的平直情况，发现歪斜应及时纠正。 8. 当锯缝深度超过锯弓高度时，应将锯条旋转 90°重新装夹后继续锯削。 9. 为使锯削断面尽量平整，应做到一次性锯断，不要多面起锯。 10. 工件快锯断时，用力要轻、要缓，以免碰伤手臂和折断锯条	1. 起锯时拉伤工件表面。 2. 锯缝歪斜过多，难以纠正。 3. 锯削操作越过加工界线

3. *A* 面锉削

（1）工具及设备。锉刀、毛刷、台虎钳。

（2）操作步骤。

1）工件夹持。将工件水平夹持在台虎钳中间，加工面朝上，保持加工界线与钳口平行。

2）按照平面锉削的操作方法和动作要领，锉削至加工线，并控制好尺寸精度。

A 面锉削操作注意事项及常见错误见表 3-10。

表 3-10　A 面锉削操作注意事项及常见错误

注意事项	常见错误
1. 要熟知锉削操作的安全知识，锉削动作要规范、协调。 2. 若加工界线已不清晰，应修复加工线后再继续加工。 3. 锉削时要经常用毛刷清理台面和工件表面的铁屑，需要时应用钢丝刷清理锉刀齿纹内的铁屑。 4. 锉刀不可重叠，也不可和其他工具堆放在一起。 5. 锉刀要避免沾水、沾油或其他脏物	1. 锉削操作越过加工界线。 2. 用嘴吹铁屑。 3. 用手摸被锉过的工件表面。 4. 工件表面被锉削成中凸、塌边、塌角

4. *A* 面质量检查

检测所有加工面之前，都要先去除工件上的锐边和毛刺，以保证测量的准确性。

（1）工具及设备。刀口形直尺。

（2）操作步骤。

1）用锉刀去除工件上的锐边和毛刺。

2）按照平面度检查的操作方法和动作要领进行检查。

A 面质量检查操作注意事项及常见错误见表 3-11。

表 3-11 A 面质量检查操作注意事项及常见错误

注意事项	常见错误
1. 刀口形直尺应垂直紧贴工件表面，沿加工面的纵向、横向和两对角线方向逐次、多处检查。 2. 进行质量检查时，量具不要在工件表面拖动。 3. 使用刀口形直尺应轻拿轻放，用后还原	1. 刀口形直尺仅沿单一方向、在单一位置检查。 2. 刀口形直尺在工件表面拖动，导致量具磨损。 3. 刀口形直尺用完后随意乱扔

（二）加工长方体 *B* 面（*A* 面的平行面）

【加工内容及要求】

长方体 *B* 面加工要求如图 3-7 所示。

视频 3-4 加工长方体 *B* 面

1. *B* 面划线

长方体 *B* 面划线方法如图 3-8 所示。

（1）工具及设备。淡金水和排刷，划线平板、V 形铁、游标高度尺。

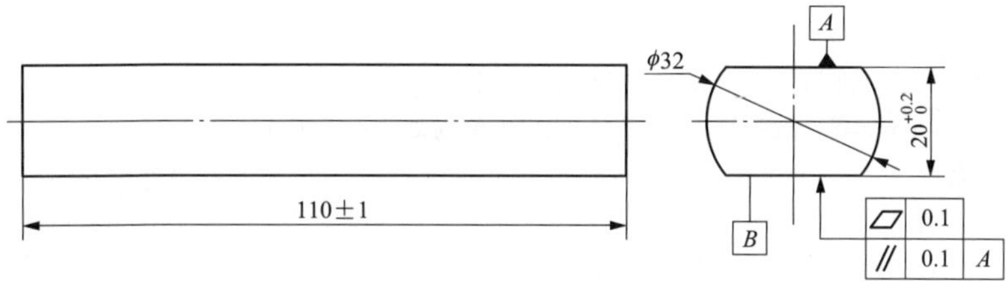

图 3-7 长方体 *B* 面加工要求

（2）操作步骤。

1）工件涂色。在工件划线处涂色。

2）工件安放。将工件水平放置在划线平板或 V 形铁上，基准面 *A* 面朝下。

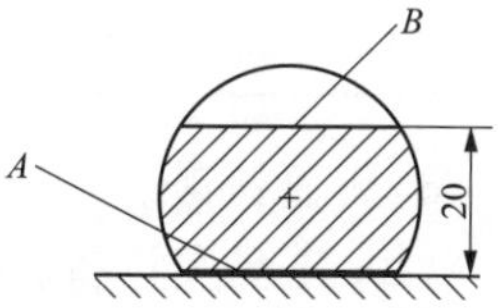

图 3-8 长方体 *B* 面划线操作示意

3）划 *B* 面加工界线。调整游标高度尺划爪，从基准面 *A* 面起，上移 20mm，拧紧紧固螺钉，沿工件四周划出 *B* 面加工界线。

4）调整尺寸再次划线。对于初学者，为确保留有加工余量，建议调整游标高度尺划爪，从基准面 *A* 面起，上移 21mm，拧紧紧固螺钉，沿工件四周再次划线。

5）检查与校对。对照图样，检查划线尺寸的准确性，以及是否有错划、漏划的线条。

B 面划线操作注意事项及常见错误见表 3-12。

2. *B* 面锯削

（1）工具及设备。手锯、锯条、毛刷、台虎钳等。

（2）操作步骤。

1）工件夹持：将工件垂直夹持在台虎钳一侧，应夹正、夹牢，并保证加工线垂直于钳口。

2）对于初学者，为确保留有加工余量，避免产生废品，建议沿 21mm 加工界线进行起锯和锯削。务必控制好加工余量。

B 面锯削操作注意事项及常见错误见表 3-13。

表 3-12　*B* 面划线操作注意事项及常见错误

注意事项	常见错误
1. 工件涂色时，涂层要薄而均匀。 2. 应注意工件和游标高度尺的正确安放。 3. 应注意游标高度尺的正确读数方法。 4. 划线时紧固螺钉应拧紧；应通过移动游标高度尺的底座来划线；高度尺划爪与工件表面应做点接触，倾斜划线。 5. 加工界面的四根线应一次性划全，避免补划。 6. 划线动作要自然、协调，尺寸要准确，线条要清晰、均匀、完整。 7. 划线结束后应仔细检查与校对	1. 因涂层过厚导致线条粗且涂层脱落。 2. 紧固螺钉未拧紧。 3. 右手直接握住游标高度尺的量爪划线。 4. 划线动作不协调，线条不流畅。 5. 划线结束后未仔细检查与校对

表 3-13　*B* 面锯削操作注意事项及常见错误

注意事项	常见错误
1. 夹持工件时，工件伸出钳口要短，加工界线应靠近钳口且与钳口垂直。 2. 锯条安装应注意齿尖朝前，松紧适当。 3. 要注意起锯方法和起锯角度的正确，以免一开始就造成废品。 4. 锯削操作要始终在 20mm 界面线外侧进行；锯削线应始终与划线平面平行。务必控制好加工余量。 5. 把持锯弓不左右摇晃，走满弓。 6. 走锯速度要均匀，压力要合适，杜绝冲击型走锯。 7. 要随时观察锯缝的平直情况，发现歪斜应及时纠正。 8. 当锯缝深度超过锯弓高度时，应将锯条旋转 90°重新装夹后继续锯削。 9. 为使锯削断面尽量平整，应做到一次性锯断，不要多面起锯。 10. 工件快锯断时，用力要轻、要缓	1. 起锯时拉伤工件表面。 2. 锯缝歪斜过多，难以纠正。 3. 锯削操作越过加工界线

3. *B* 面锉削

（1）工具及设备。锉刀、毛刷、台虎钳。

（2）操作步骤。

1）工件夹持。将工件水平夹持在台虎钳中间，加工面朝上，且加工界线与钳口平行。

2）按照平面锉削的操作方法和动作要领，锉削至 20mm 加工线，控制好尺寸精度。

B 面锉削操作注意事项及常见错误见表 3-14。

表 3-14　*B* 面锉削操作注意事项及常见错误

注意事项	常见错误
1. 若加工界线已不清晰，需修复加工线后再继续加工。 2. 锉削时要经常用毛刷清理工件表面、台面及锉刀齿纹内的铁屑。 3. 锉削过程中要经常检查工件的尺寸、平面度、平行度等，综合判断误差情况，正确修整。要防止片面性，不要为了取得平面度精度而影响尺寸公差和平行度要求。尤其是接近图样要求时，更应及时进行测量，避免产生废品。 4. 锉刀要避免沾水、沾油或其他脏物；不可重叠，也不可与其他工具堆放在一起	1. 锉削操作越过加工界线。 2. 用嘴吹铁屑。 3. 用手摸被锉过的工件表面。 4. 工件表面被锉削成中凸、塌边、塌角。 5. 未及时进行质量检查，以致尺寸超差、平面度和平行度不达标

4. *B* 面质量检查

（1）工具及设备。刀口形直尺、游标卡尺。

（2）操作步骤。

1）先用锉刀去除工件上的锐边和毛刺，以保证测量的准确性。

2）用刀口形直尺检查加工面的平面度。

3）用游标卡尺测量尺寸。

4）用游标卡尺检查加工面与 *A* 面的平行度。

B 面质量检查操作注意事项及常见错误见表 3-15。

表 3-15　*B* 面质量检查操作注意事项及常见错误

注意事项	常见错误
1. 平面度检查应注意多方向、多位置进行。 2. 尺寸测量应沿工件全长方向多位置多次进行。 3. 进行质量检查时，量具不要在工件表面拖动。 4. 使用游标卡尺前应先检查零线的准确情况。 5. 游标卡尺用后要合拢归零。 6. 使用量具应轻拿轻放，用后还原	1. 刀口形直尺仅沿单一方向、在单一位置检查。 2. 使用量具时在工件表面拖动。 3. 尺寸测量、平行度检查只在少数点进行。 4. 工具用完后随意乱扔

（三）加工长方体 *C* 面（*A* 面的垂直面）

【加工内容及要求】

长方体 *C* 面加工要求如图 3-9 所示。

视频 3-5　加工长方体 *C* 面

1. *C* 面划线

（1）工具及设备。淡金水和排刷，划线平板、V 形铁、游标高度尺。

（2）操作步骤。

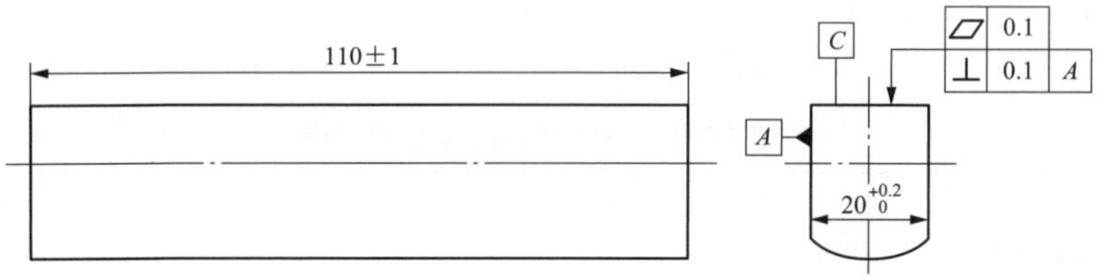

图 3-9　长方体 *C* 面加工要求

1）工件涂色。在工件划线处涂色。

2）工件安放。将工件水平放置在划线平板上，基准面 *A* 面紧贴 V 形铁，如图 3-10 所示。

3）划 *C* 面加工界线。如图 3-10（a）所示，*A*、*B* 面两侧上部弧面四端点高度一致，则调整游标高度尺划爪至圆弧面与已加工面交界处，拧紧紧固螺钉，沿工件四周划出 *C* 面加工界线。

如图 3-10（b）所示，*A*、*B* 面两侧上部弧面四端点高低不一，则调整游标高度尺划爪至四端点中最低点处，拧紧紧固螺钉，沿工件四周划出 *C* 面加工界线。

（3）检查与校对。对照图样，检查是否有错划、漏划的线条。

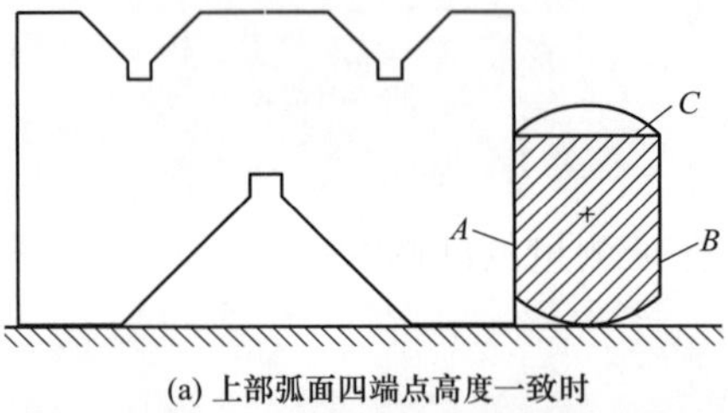

图 3-10 长方体 C 面划线操作示意

C 面划线操作注意事项及常见错误见表 3-16。

表 3-16 C 面划线操作注意事项及常见错误

注意事项	常见错误
1. 划线过程中应始终保持工件基准面与 V 形铁侧面紧密接触，使基准面始终处于垂直状态。 2. 加工界线应划在侧平面上，不应划在圆弧面上。 3. 划线过程中不应更换划线基准面。 4. 加工界面的四根线应一次性划全，避免补划。 5. 划线结束后应仔细检查与校对	1. 划线过程中更换划线基准面，导致四根加工界线不封闭，有错位现象。 2. 划线结束后未仔细检查与校对

2. C 面锯削

（1）工具及设备。手锯、锯条、毛刷、台虎钳及软钳口等。

（2）操作步骤。

1）工件夹持。将工件垂直夹持在台虎钳一侧，应夹正、夹牢，保证加工线垂直于钳口，且离钳口不应太远。

2）按照锯削操作方法和动作要领，沿加工线外侧进行起锯和锯削。

C 面锯削操作注意事项及常见错误见表 3-17。

表 3-17 C 面锯削操作注意事项及常见错误

注意事项	常见错误
1. 夹持工件时应对已加工面进行保护，避免夹伤。 2. 夹持工件时，工件伸出钳口要短，加工界线应靠近钳口且与钳口垂直。 3. 锯削操作要始终沿加工线进行。 4. 要随时观察锯缝的平直情况，发现歪斜应及时纠正。 5. 当锯缝深度超过锯弓的高度时，应将锯条旋转 90°重新装夹后再继续锯削。 6. 为使锯削断面尽量平整，应做到一次性锯断，不要多面起锯。 7. 工件快锯断时用力要轻、要缓	1. 工件已加工表面被夹坏。 2. 未完全锯削掉圆弧部分。 3. 锯缝歪斜过多，难以纠正

3. C 面锉削

（1）工具及设备。锉刀、毛刷、台虎钳。

（2）操作步骤。

1）工件夹持。将工件水平夹持在台虎钳中间，加工面朝上，保证加工界线与钳口平行。

2）按照平面锉削的操作方法和动作要领，锉削至加工线。

C 面锉削操作注意事项及常见错误见表 3-18。

表 3-18　*C* 面锉削操作注意事项及常见错误

注意事项	常见错误
1. 若加工界线已不清晰，需修复加工线后再继续加工。 2. 夹持工件时应对已加工面进行保护。 3. 锉削过程中要经常检查工件的平面度和垂直度，综合判断误差情况，正确修整。不要为了取得平面度精度而影响垂直度要求。 4. 锉刀要避免沾水、沾油或其他脏物；不可重叠，不可与其他工具堆放在一起	1. 用嘴吹铁屑。 2. 用手摸被锉过的工件表面。 3. 工件表面被锉削成中凸、塌边、塌角

4. *C* 面质量检查

（1）工具及设备。刀口形直尺、90°角尺。

（2）操作步骤。

1）先用锉刀去除工件上的锐边和毛刺，以保证测量的准确性。

2）用刀口形直尺检查加工面的平面度。

3）用 90°角尺检查加工面与基准面 *A* 面的垂直度。

C 面质量检查操作注意事项及常见错误见表 3-19。

表 3-19　*C* 面质量检查操作注意事项及常见错误

注意事项	常见错误
1. 使用 90°角尺检查垂直度时，尺座应紧贴工件基准面；不可歪斜。 2. 垂直度检查应沿工件全长方向多位置进行。 3. 量具不要在工件表面拖动。 4. 刀口形直尺、90°角尺应轻拿轻放，用后还原	1. 平面度、垂直度检查只在少数位置进行。 2. 使用量具时在工件表面拖动。 3. 量具用完后随意乱扔

（四）加工长方体 *D* 面（*A* 面的垂直面）

【加工内容及要求】

长方体 *D* 面加工要求如图 3-11 所示。

视频 3-6　加工长方体 *D* 面

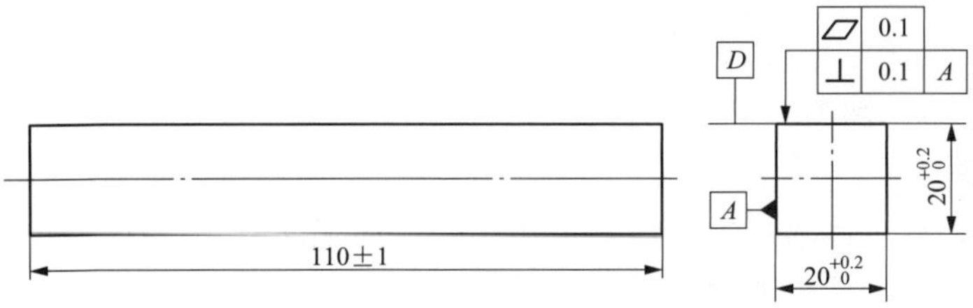

图 3-11　长方体 *D* 面加工要求

1. *D* 面划线

长方体 *D* 面划线方法如图 3-12 所示。

（1）工具及设备。淡金水和排刷，划线平板、V 形铁、游标高度尺。

（2）操作步骤。

1）工件涂色。在工件划线处涂色。

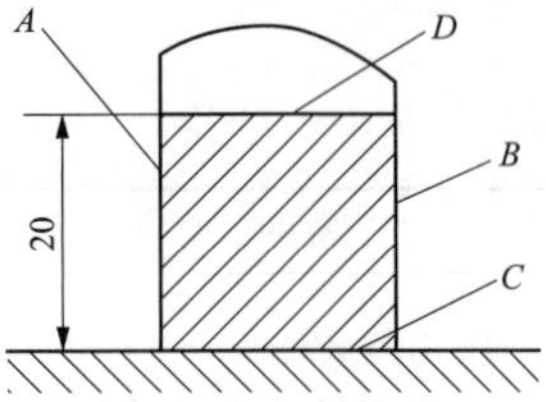

图 3-12 长方体 D 面划线操作示意

2）工件安放。将工件水平放置在划线平板或 V 形铁上，C 面朝下。

3）划 D 面加工界线。调整游标高度尺划爪，从 C 面起，上移 20mm，拧紧紧固螺钉，沿工件四周划出 D 面加工界线。

4）检查与校对。对照图样，检查划线尺寸的准确性，以及是否有错划、漏划的线条。

D 面划线操作注意事项及常见错误见表 3-20。

表 3-20 D 面划线操作注意事项及常见错误

注意事项	常见错误
1. 加工界面的四根线应一次性划全，避免补划。 2. 划线动作要自然、协调，尺寸要准确，线条要清晰、均匀、完整。 3. 划线结束后应仔细检查与校对	划线完成后未仔细检查与校对

2. D 面锯削

（1）工具及设备。手锯、锯条、毛刷、台虎钳及软钳口等。

（2）操作步骤。

1）工件夹持。将工件垂直夹持在台虎钳一侧，应夹正、夹牢，保证加工线垂直于钳口，且离钳口不应太远。

2）按照锯削操作方法和动作要领，在加工界线外起锯和锯削。控制好加工余量。

D 面锯削操作注意事项及常见错误见表 3-21。

表 3-21 D 面锯削操作注意事项及常见错误

注意事项	常见错误
1. 工件夹持时应对已加工面进行保护。 2. 锯削时要留出加工余量；锯条侧面应始终与划线平面平行。 3. 当锯缝深度超过锯弓的高度时，应将锯条旋转 90°重新装夹后继续锯削。 4. 为使锯削断面尽量平整，应做到一次性锯断，不要多面起锯	1. 工件已加工表面被夹坏。 2. 锯缝歪斜过多，难以纠正。 3. 锯削操作越过加工界线导致尺寸错误

3. D 面锉削

（1）工具及设备。锉刀、毛刷、台虎钳。

（2）操作步骤。

1）工件夹持。将工件水平夹持在台虎钳中间，加工面朝上，保证加工界线与钳口平行。

2）按照平面锉削的操作方法和动作要领，锉削至加工线，控制好尺寸精度。

D 面锉削操作注意事项及常见错误见表 3-22。

表 3-22 D 面锉削操作注意事项及常见错误

注意事项	常见错误
1. 工件夹持时应对已加工面进行保护。 2. 锉削时要经常清理工件表面、台面及锉刀齿纹内的铁屑。 3. 在锉削过程中，要经常检查工件的尺寸、平面度、平行度、垂直度等，综合判断误差情况，正确修整	1. 锉削操作越过加工界线。 2. 工件表面被锉削成中凸、塌边、塌角。 3. 未及时进行质量检查以致尺寸超差

4.*D* 面质量检查

（1）工具及设备。刀口形直尺、90°角尺、游标卡尺。

（2）操作步骤。

1）先用锉刀去除工件上的锐边和毛刺，以保证测量的准确性。

2）用刀口形直尺检查加工面的平面度。

3）用90°角尺检查加工面与*A*面的垂直度。

4）用游标卡尺测量尺寸。

*D*面质量检查操作注意事项及常见错误见表3-23。

表3-23　*D*面质量检查操作注意事项及常见错误

注意事项	常见错误
1. 平面度检查应注意多方向、多位置进行。 2. 垂直度和尺寸检查均应沿工件全长在不同位置进行多次测量。 3. 使用量具时不要在工件表面拖动。 4. 测量时要注意游标卡尺零线的准确情况，用后要合拢归零。 5. 量具应轻拿轻放，用后还原	1. 尺寸测量、平面度、垂直度检查只在个别位置进行。 2. 使用量具时在工件表面拖动，导致量具磨损。 3. 工具用完后随意乱扔

（五）加工长方体*E*面（端面）

【加工内容及要求】

长方体*E*面加工要求如图3-13所示。

视频3-7　加工长方体*E*面

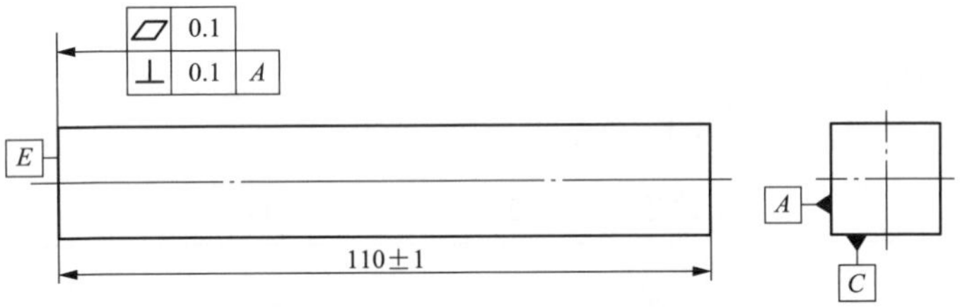

图3-13　长方体*E*面加工要求

1.*E* 面划线

（1）工具及设备。淡金水和排刷，划线平板、V形铁、游标高度尺。

（2）操作步骤。

1）工件涂色。在工件划线处涂色。

2）工件安放。将工件垂直放置在划线平板上，使*A*面及其垂直面紧贴V形铁的V形槽。

3）划*E*面加工界线。调整游标高度尺划爪，检测工件上端面四端点的高度，调整划爪至四端点中的最低点处，拧紧紧固螺钉，沿工件四周划出端面加工界线。

4）检查与校对。检查是否错划、漏划线条。

*E*面划线操作注意事项及常见错误见表3-24。

2.*E* 面锉削

（1）工具及设备。锉刀、毛刷、台虎钳及软钳口。

表 3-24　　*E* 面划线操作注意事项及常见错误

注意事项	常见错误
1. 划线过程中左手应压紧工件和V形铁，保持工件与V形铁的V形槽两垂直面紧密接触，使工件始终处于垂直状态。 2. 加工界面的四根线应一次划全，避免补划	1. 划线时工件未垂直放置在V形槽内，无法保证工件垂直于平板。 2. 划线过程中更换划线基准面，导致同一平面内四根加工界线不封闭，有错位现象

（2）操作方法。

1）工件夹持。将工件垂直夹持在台虎钳中间，加工面朝上，且加工界线与钳口平行。

2）按照平面锉削的操作方法和动作要领，锉削至加工线。

E 面锉削操作注意事项及常见错误见表 3-25。

表 3-25　　*E* 面锉削操作注意事项及常见错误

注意事项	常见错误
1. 工件夹持时应对已加工面进行保护。 2. 工件伸出钳口不宜过高，以免产生振动和噪声。 3. 此面较小，平面度和垂直度较难控制，加工时要多测量，综合判断误差情况，正确修整	1. 工件夹持时伸出钳口过高。 2. 工件表面中凸

3. *E* 面质量检查

（1）工具及设备。刀口形直尺、90°角尺。

（2）操作步骤。

1）先用锉刀去除工件上的锐边和毛刺，以保证测量的准确性。

2）用刀口形直尺检查加工面的平面度。

3）用 90°角尺检查加工面与基准面 *A* 面和 *C* 面的垂直度。

E 面锉削操作注意事项及常见错误见表 3-26。

表 3-26　　*E* 面锉削操作注意事项及常见错误

注意事项	常见错误
1. 垂直度检查时应注意 90°角尺的尺座紧贴工件基准面。 2. 刀口形直尺、90°角尺应轻拿轻放，用后还原	1. 检查垂直度时 90°角尺尺座未紧贴工件基准面。 2. 量具用完后随意乱扔

视频 3-8　加工长方体 *F* 面

（六）加工长方体 *F* 面（另一端面）

【加工内容及要求】

长方体 *F* 面加工要求如图 3-14 所示。

1. *F* 面划线

（1）工具及设备。淡金水和排刷，划线平板、V形铁、游标高度尺。

（2）操作步骤。

1）工件涂色。在工件划线处涂色。

2）工件安放。将工件垂直放置在划线平板上，*E* 面朝下，工件 *A*、*C* 两相邻垂直面紧贴V形铁的V形槽。

3）划 *F* 面加工界线。调整高度尺划爪，由 *E* 面处上移 107mm，拧紧紧固螺

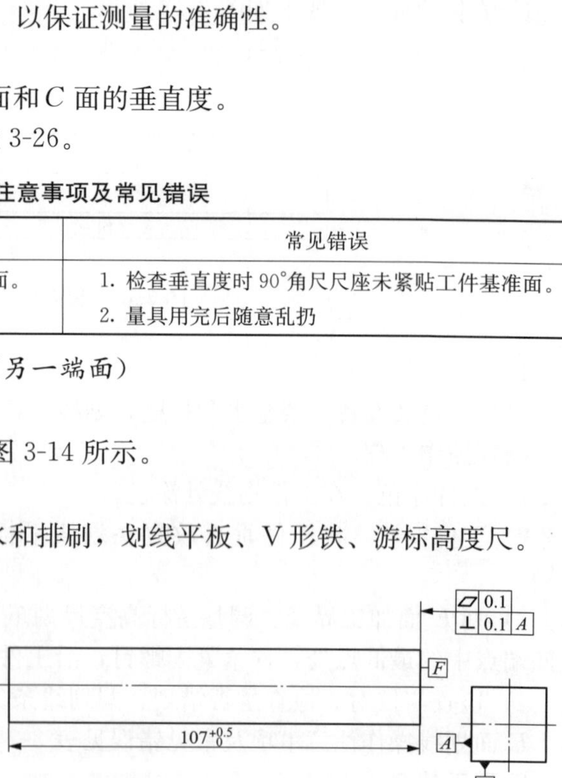

图 3-14　长方体 *F* 面加工要求

钉，沿工件四周划出 F 面加工界线。

4）检查与校对。对照图样，检查划线尺寸的准确性，以及是否有错划、漏划的线条。

F 面划线操作注意事项及常见错误见表 3-27。

表 3-27　F 面划线操作注意事项及常见错误

注意事项	常见错误
1. 划线过程中左手应压紧工件和V形铁，保持工件与V形铁的V形槽两垂直面紧密接触，使工件始终处于垂直状态。 2. 加工界面的四根线应一次划全，避免补划。 3. 划线结束后应仔细检查与校对	1. 划线时工件未垂直放置在V形槽内，无法保证工件垂直于平板。 2. 四根加工界线不封闭。 3. 划线结束后应仔细检查与校对，尺寸错误

2. F 面锯削

（1）工具及设备。手锯、锯条、毛刷、台虎钳及软钳口等。

（2）操作步骤。

1）工件夹持。将工件水平夹持在台虎钳一侧，保证加工线垂直于钳口，且离钳口不应太远。

2）按照锯削操作方法和动作要领，在加工界线外起锯和锯削。

F 面锯削操作注意事项及常见错误见表 3-28。

表 3-28　F 面锯削操作注意事项及常见错误

注意事项	常见错误
1. 工件夹持时应对已加工面进行保护。 2. 工件伸出钳口要短，加工界线应靠近钳口且与钳口垂直。 3. 锯削时要留出加工余量，锯条侧面应始终与划线平面平行。 4. 若加工界面线距离边缘不超过5mm，建议直接采用锉削方法加工	1. 工件已加工表面被夹坏。 2. 未留加工余量，导致长度尺寸变短

3. F 面锉削

（1）工具及设备。锉刀、毛刷、台虎钳及软钳口。

（2）操作步骤。

1）工件夹持。将工件垂直夹持在台虎钳中间，加工面朝上。

2）按照平面锉削的操作方法和动作要领，锉削至加工线，控制好尺寸精度。

F 面锉削操作注意事项及常见错误见表 3-29。

表 3-29　F 面锉削操作注意事项及常见错误

注意事项	常见错误
1. 工件夹持时应对已加工面进行保护。 2. 工件伸出钳口不宜过高。 3. 此面较小，平面度和垂直度较难控制，还有尺寸精度要求，加工时务必要多测量，综合判断误差情况，正确修整	1. 锉削操作越过加工界线导致长度尺寸变短。 2. 工件表面被锉削成中凸

4. F 面质量检查

（1）工具及设备。刀口形直尺、90°角尺、游标卡尺。

（2）操作步骤。

1）先去除工件上的锐边和毛刺，以保证测量的准确性。

2）用刀口形直尺检查加工面的平面度。

3）用 90°角尺检查加工面与 A 面和 C 面的垂直度。

4）用游标卡尺测量尺寸。

F 面质量检查操作注意事项及常见错误见表 3-30。

表 3-30　*F* 面质量检查操作注意事项及常见错误

注意事项	常见错误
1. 平面度检查应注意多方向、多位置进行。 2. 垂直度检查时应注意 90°角尺的尺座紧贴工件基准面。 3. 测量尺寸时要注意游标卡尺零线的准确情况，用后要合拢归零。 4. 进行质量检查时，量具不要在工件表面拖动。 5. 量具应轻拿轻放，用后还原	1. 使用 90°角尺时尺座未贴紧工件基准面。 2. 使用量具时在工件表面拖动，导致量具磨损。 3. 测量检查只在少数点进行。 4. 工具用完后随意乱扔

【检测与评价】

各团队自主进行自检和互检，有效进行工作反馈与经验交流。通过质量分析，发现问题，研究问题，提出改进方案，进一步提高工件质量。

（1）工件展示。在团队内展示自己的工件。

（2）自我评述。客观评述工件，准确表述优缺点；对操作过程中遇到的问题或存在的不当方法，提出改进计划。

（3）队友点评。听取并记录队友对自己工件的评价和改进建议，取长补短，共同进步。

（4）填写长方体检测评价表（见附表 3）。

3.4.3　第三步：加工锤孔

【加工内容及要求】

锤孔加工要求如图 3-15 所示。

（一）锤孔划线

1. 工具及设备

淡金水和排刷，划线平板、V 形铁、游标卡尺、游标高度尺、样冲、锤子。

视频 3-9　加工锤孔

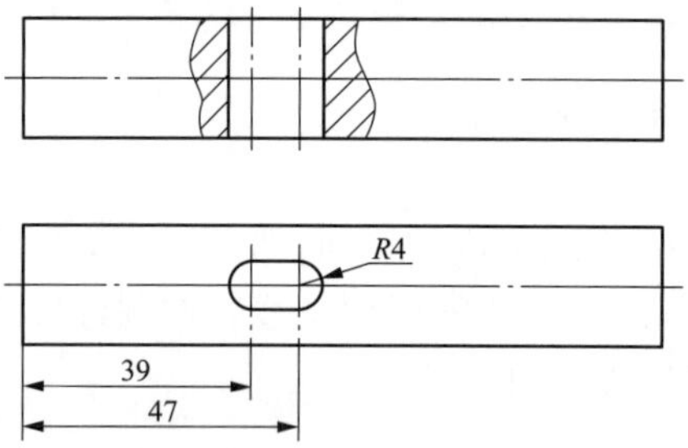

图 3-15　锤孔加工要求

2. 操作步骤

（1）正确选择钻孔面。

（2）工件涂色。在钻孔面划线处涂色。

（3）划中线。

1）用游标卡尺测量工件实际厚度。

2）工件安放。将工件水平放置在划线平板或 V 形铁上。

3）划中线。调整游标高度尺划爪至实际厚度的 1/2 处，拧紧紧固螺钉，划中线，如图 3-16（a）所示。

4）将工件翻转 180°，再次划出中线，验证两中线重合。

（4）划两圆心位置线。

1）将工件垂直放置在划线平板上，相邻两侧面紧贴 V 形铁的 V 形槽。

2）划线确定两圆心。调整游标高度尺划爪，从锤头端面处起，分别移动 39、47mm，划线确定出两圆心位置，如图 3-16（b）所示。

（5）检查与校对。对照图样，检查圆心位置的准确性。

（6）在两圆心处打上样冲眼，以便钻孔时钻头能准确落钻定心。将样冲先倾斜定位，再垂直放置；先用锤子轻敲，检查无误后再重敲。

（7）划两个 $\phi8$ 的圆，并划出两圆的公切线。

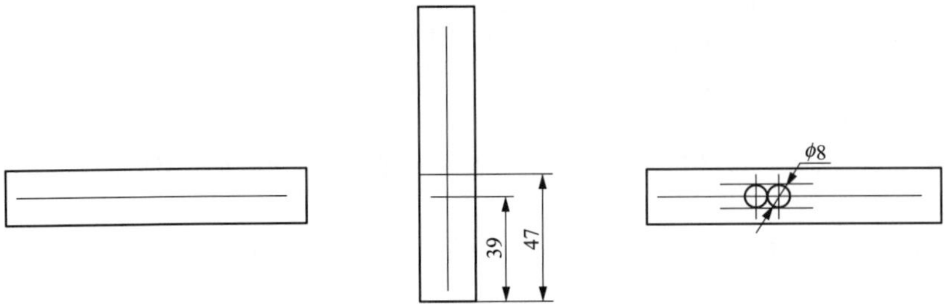

(a) 划中线　(b) 定位两圆心　(c) 划圆并划公切线

图 3-16　锤孔划线操作示意

锤孔划线操作注意事项及常见错误见表 3-31。

表 3-31　锤孔划线操作注意事项及常见错误

注意事项	常见错误
1. 选择钻孔面时，应尽量选择有缺陷的面作为钻孔加工面，以便在加工锤尾时利用划线借料的方法去掉缺陷部分，保证工件的完整性。 2. 为保证精度，划一次中线后建议将工件旋转 180°在同一表面上再划一次。若两条中线不重合，则应取中间位置。 3. 圆心划线应尺寸准确，线条清晰。 4. 划线完成后，应仔细检查与校对，避免出现划线错误。 5. 样冲眼应清晰可见，位置准确、无偏斜。 6. 所有划线操作均应为双面划线	1. 圆心位置划线错误。 2. 样冲眼定位不准。 3. 未双面划线

（二）钻孔

1. 工具及设备

钻床、$\phi7.2$ 钻头。

2. 操作步骤

（1）检查设备的完好性。

（2）装夹钻头。安装 $\phi7.2$ 钻头，用钻夹头钥匙转动夹紧。

（3）装夹工件。将工件水平夹紧固定。

（4）找正。下移钻头钻芯贴近工件表面，使钻芯对准样冲眼。

（5）试钻。旋转主轴，试钻一浅坑。

（6）观察小坑是否偏离中心，如果有偏差，可移动工件位置予以纠正。

（7）经试钻及纠正，确认孔中心无偏离现象后，进行钻孔操作。

钻孔操作注意事项及常见错误见表 3-32。

表 3-32　钻孔操作注意事项及常见错误

注意事项	常见错误
1. 使用钻床时要严格执行钻床安全操作规程，袖口必须扎紧，严禁戴手套，女生要戴好工作帽。 2. 钻头和工件装夹必须牢固可靠。 3. 工件表面应与钳口平行，避免孔被钻歪。 4. 工件下部要加垫块，以免钻坏工作台。 5. 应先试钻再钻孔。开动钻床后，应先空转试车。 6. 发现工件不稳、钻头松动、进刀有阻力时，必须停车检查，消除钻孔隐患后方可继续。 7. 当孔快钻通时，要及时减小进给量。 8. 钻孔时操作者的头部不要靠主轴太近，不要低头观察孔是否钻通，以防钻屑飞溅伤人。 9. 严禁在开车状态下装拆工件。 10. 钻床使用完毕后，要及时切断电源，并用毛刷清扫钻屑	1. 孔歪斜。 2. 孔偏移。 3. 钻头折断

（三）锤孔再划线

1. 工具及设备

钢直尺、划针。

2. 操作步骤

（1）先去除工件上的锐边和毛刺，以保证划线的准确性。

（2）划出两圆的公切线作为锤孔加工界线（双面划线）。

锤孔划线操作注意事项及常见错误见表 3-33。

表 3-33　锤孔再划线操作注意事项及常见错误

注意事项	常见错误
加工界线应明确、清晰、连接圆滑、无遗漏	1. 线条连接不圆滑。 2. 未双面划线

（四）锤孔锉削

1. 工具及设备

ϕ6.5 小圆锉、6.5mm 小方锉、毛刷、台虎钳及软钳口。

2. 操作步骤

（1）将工件竖直夹持在台虎钳中间，用小圆锉把两圆孔锉通，如图 3-17 所示。

（2）将工件水平夹持在台虎钳一侧，用小方锉将锤孔锉削至加工界线，如图 3-18 所示。

锤孔锉削操作注意事项及常见错误见表 3-34。

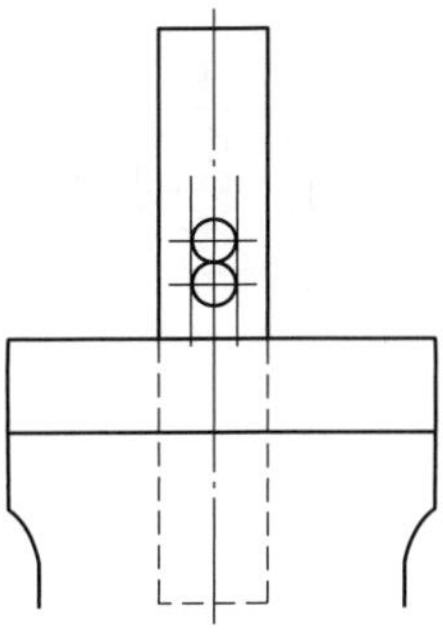

图 3-17 工件垂直夹持示意

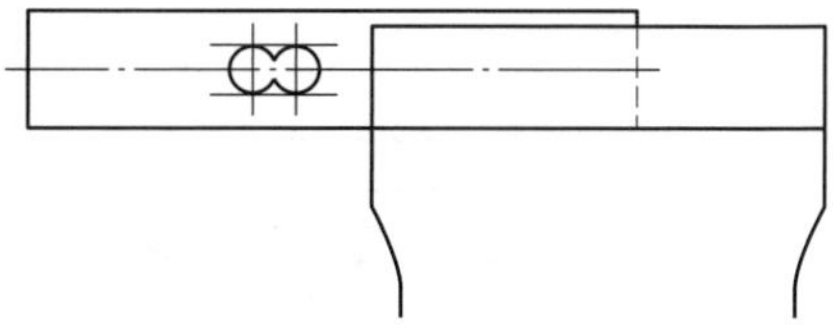

图 3-18 工件水平夹持示意

表 3-34 锤孔锉削操作注意事项及常见错误

注意事项	常见错误
1. 工件夹持时应对已加工面进行保护。 2. 锉削时，应先锉两侧平面，后锉两端圆弧面。 3. 使用小方锉锉削平面时要注意控制好锉刀的横向移动，防止锉刀的侧棱伤及两侧圆孔面。 4. 曲面与平面连接要圆滑。 5. 使用小锉刀时，用力不要过大，以免锉刀折断伤手。 6. 应保证锤孔对称，位置居中	1. 锉削操作越过加工界线。 2. 锤孔两侧的圆弧被锉伤。 3. 锤孔不居中

【检测与评价】

各团队自主进行自检和互检，有效进行工作反馈与经验交流。通过质量分析，发现问题，研究问题，提出改进方案，进一步提高工件质量。

（1）工件展示：在团队内展示自己的工件。

（2）自我评述：客观评述工件，准确表述优缺点；对操作过程中遇到的问题或存在的不当方法，提出改进计划。

（3）队友点评：听取并记录队友对自己工件的评价和改进建议，取长补短，共同进步。

（4）填写锤孔检测评价表（见附表 4）。

3.4.4 第四步：加工锤头

视频 3-10 加工锤头

【加工内容及要求】

锤头加工要求如图 3-19 所示。将锤头加工成正八棱柱状，并加工四小斜面与锤身连接。正八棱柱各对面距离均为 20，四小斜面与锤身侧平面夹角均为 45°。

（一）锤头正八棱柱划线

1. 工具及设备

淡金水和排刷，划线平板、V 形铁、游标高度尺。

2. 操作步骤

（1）工件涂色。将工件锤头涂色。

（2）划锤头高度界线。

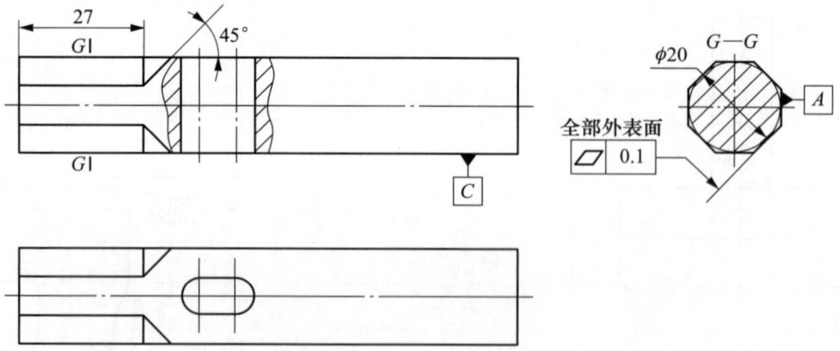

图 3-19 锤头加工要求

1）工件安放。将工件在划线平板上垂直放置，使其相邻两垂直面紧贴 V 形铁的 V 形槽。

2）划线。调整游标高度尺划爪，从锤头端面起，向锤尾方向移动 27mm，拧紧紧固螺钉，绕工件四周划出锤头高度界线。

（3）划正八棱柱加工界线。

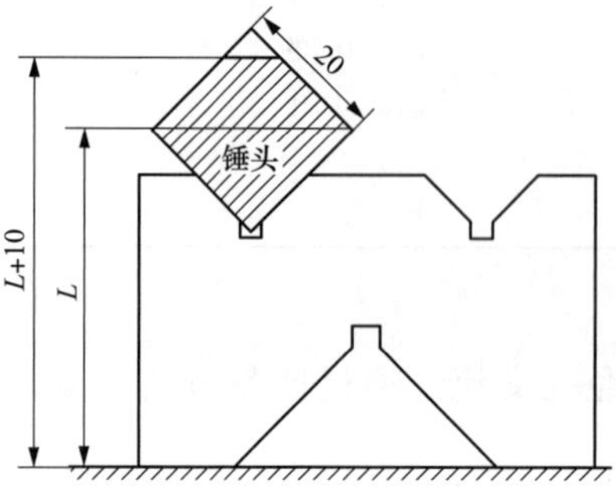

图 3-20 锤头端面正八边形划线示意

1）工件安放。将工件在划线平板上用 V 形铁水平支承，如图 3-20 所示，使其相邻两垂直面紧贴 V 形铁的 V 形槽。

2）划锤头端面正方形的对角线。调整游标高度尺划爪，测量锤头端面正方形对角线高度 L，拧紧紧固螺钉，划出对角线。

3）划正八棱柱一个侧面的加工界线。调整高度尺划爪至 $L+10$mm，拧紧紧固螺钉，划出端面正八边形的一个边；再转向至工件两侧面，划出正八棱柱一个侧面的两条棱边，直至 27mm 锤头长度界线处。

4）将工件在 V 形铁上旋转 90°，重复上述操作，直至完成正八棱柱其他几个侧面的全部划线。

（4）检查与校对。对照图样，检查划线尺寸的准确性，以及是否有错划、漏划的线条。

锤头正八棱柱划线操作注意事项及常见错误见表 3-35。

表 3-35 锤头正八棱柱划线操作注意事项及常见错误

注意事项	常见错误
1. 同一界面的多根线应一次划全，避免补划。 2. 划线动作要自然、协调，尺寸要准确，线条要清晰、均匀、完整。 3. 划线结束后应仔细检查与校对	1. 同一界面的多根线一次未划全。 2. 划线结束后未仔细检查与校对

（二）锤头正八棱柱加工

1. 工具及设备

锉刀、毛刷、一对小 V 形铁、台虎钳。

2. 操作步骤

对于初学者，推荐使用如下加工方法：

（1）工件夹持。使用一对小 V 形铁将工件水平夹持在台虎钳上，保持加工界面线与钳口平行。

（2）按照平面锉削的操作方法和动作要领，依次锉削四条棱边至接近加工界面线处，保留加工余量。

（3）待八棱柱成形后，再逐步进行整体修锉，进一步调整至各侧面宽度相同。

锤头正八棱柱锉削操作注意事项及常见错误见表 3-36。

表 3-36　锤头正八棱柱锉削操作注意事项及常见错误

注意事项	常见错误
1. 为保护工件已加工面，并保持待加工面水平，应使用一对小 V 形铁辅助工件固定。 2. 工件夹持时将小 V 形铁紧靠锤头 27mm 线处，以防锉削时锉刀越过加工线，损伤棱边。 3. 锉削时锉刀应光面朝内。 4. 锉削八棱柱四个侧面时，一定要先保留加工余量，待八棱柱基本成形后再逐步进行整体修锉，以避免八面宽度不均匀。 5. 锉削过程中要经常检查工件的尺寸、平面度、平行度，以便及时修正	1. 八棱柱各侧面宽度不一致。 2. 工件表面出现中凸、塌边、塌角

（三）锤头四小斜面划线

锤头四小斜面划线方法如图 3-21 所示。

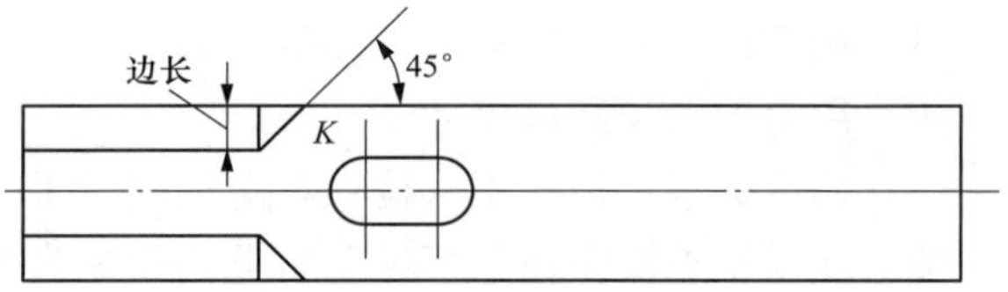

图 3-21　锤头倒角划线操作示意

1. 工具及设备

淡金水和排刷，划线平板、V 形铁、游标高度尺。

2. 操作步骤

（1）工件安放。将工件锤头朝上，倾斜 45°摆放在 V 形铁的大 V 形槽内，使工件的端面和一个侧面分别紧贴大 V 形槽的两垂直面。

（2）划线。

1）调整游标高度尺划爪至锤头根部小斜面处，划爪指向小斜面的一个已知顶点，划出小斜面三角形的一条边。

2）在 V 形铁的大 V 形槽内调整工件摆放位置和方向，重复上述操作，依次划出四个小斜面的所有加工线。

锤头小斜面划线操作注意事项及常见错误见表 3-37。

表 3-37　锤头小斜面划线操作注意事项及常见错误

注意事项	常见错误
1. 四个小斜面顶点位置尺寸应一致。 2. 每个小斜面的加工界面必须双面划线	四个小斜面尺寸不一致

（四）锤头四小斜面锉削

1. 工具及设备

小方锉、毛刷、一对小 V 形铁、台虎钳。

2. 操作步骤

（1）工件夹持。使用一对小 V 形铁将工件倾斜夹持在台虎钳上，待加工面朝上，保持加工界线贴近钳口且与钳口平行。

（2）按照平面锉削的操作方法和动作要领，用小方锉依次锉削四个小斜面至加工界线。

锤头小斜面锉削操作注意事项及常见错误见表 3-38。

表 3-38　锤头小斜面锉削操作注意事项及常见错误

注意事项	常见错误
1. 为保护工件已加工面，应使用一对小 V 形铁辅助工件固定。 2. 工件夹持时小 V 形铁离小斜面最外缘点应保留大约半个小方锉的宽度，以防锉削时锉刀越过加工线，造成小斜面塌边。 3. 锉削时不要损伤正八棱柱的侧边	1. 小斜面塌边。 2. 正八棱柱的侧面与小斜面之间锉削出一条沟槽

（五）锤头质量检查

1. 工具及设备

刀口形直尺、游标卡尺。

2. 操作步骤

（1）用刀口形直尺检查加工面的平面度。

（2）用游标卡尺测量尺寸。

（3）用游标卡尺检查正八棱柱各对侧面的平行度。

锤头质量检查操作注意事项及常见错误见表 3-39。

表 3-39　锤头质量检查操作注意事项及常见错误

注意事项	常见错误
1. 正八棱柱各棱边应平直，线条清晰。 2. 四小斜面应尺寸相同，棱角清晰	1. 四小斜面尺寸大小不一。 2. 小斜面平面度不合格。 3. 正八棱柱各侧平面的平面度不合格

【检测与评价】

各团队自主进行自检和互检，有效进行工作反馈与经验交流。通过质量分析，发现问题，研究问题，提出改进方案，进一步提高工件质量。

（1）工件展示。在团队内展示自己的工件。

（2）自我评述。客观评述工件，准确表述优缺点；对操作过程中遇到的问题或存在的不当方法，提出改进计划。

（3）队友点评。听取并记录队友对自己工件的评价和改进建议，取长补短，共同进步。

（4）填写锤头检测评价表（见附表 5）。

视频 3-11　加工锤尾

3.4.5　第五步：加工锤尾

【加工内容及要求】

锤尾加工要求如图 3-22 所示。

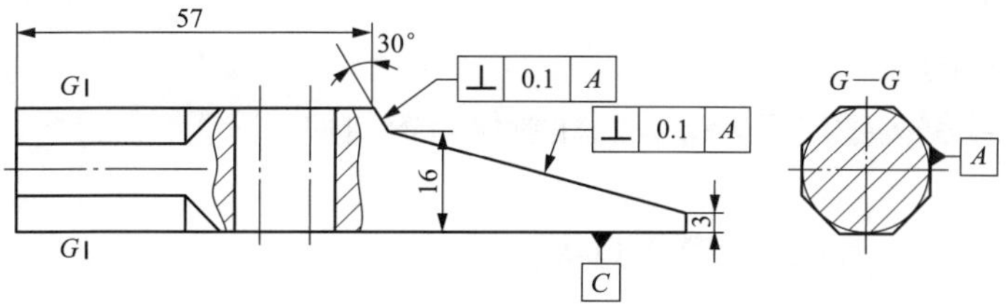

图 3-22 锤尾加工要求

（一）锤尾划线

锤尾划线如图 3-23 所示。

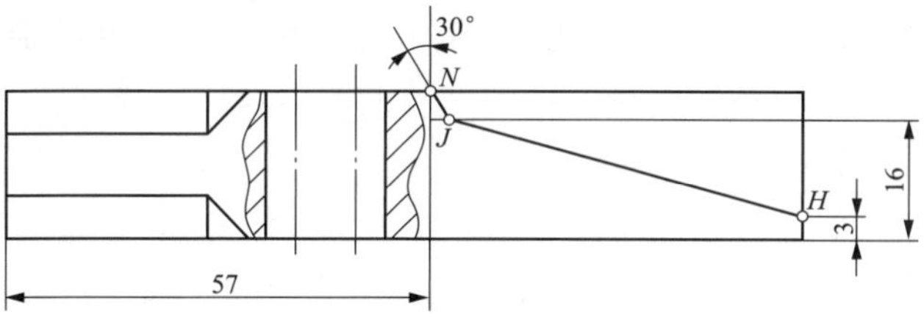

图 3-23 扁尾锤锤尾划线操作示意

1. 工具及设备

淡金水和排刷，划线平板、V 形铁、游标高度尺、钢直尺、划针。

2. 操作步骤

（1）工件涂色。在工件划线处涂色。

（2）划锤尾高度界线。

1）工件安放。将工件在划线平板上垂直放置，其相邻两垂直面应紧贴 V 形铁的 V 形槽。

2）划线。调整游标高度尺划爪，从锤头端面起，向锤尾方向量取 57mm，拧紧紧固螺钉，沿工件四周划出锤尾长度界线。

（3）划锤尾加工线。

1）根据加工简图所示尺寸和角度确定 *J* 点（双面划线）。

2）根据加工简图所示尺寸确定 *H* 点（双面划线）。

3）用钢直尺和划针连接 *J*、*H* 两点（双面划线）。

4）将两侧面加工界线补充完整，并将锤尾端面两 *H* 点连线。

（4）检查与校对。对照图样，检查划线尺寸的准确性，以及是否有错划、漏划的线条。

锤尾划线操作注意事项及常见错误见表 3-40。

表 3-40 锤尾划线操作注意事项及常见错误

注意事项	常见错误
1. 应在工件两侧面双面划线。 2. *J* 点划线可利用万能量角器，也可通过计算得出。 3. 锤尾端面两 *H* 点应连线	1. 单面划线。 2. 锤尾端面两 *H* 点未连线。 3. 划线结束后未仔细检查校对，发生尺寸错误。 4. 锤尾和锤孔的相对方位错误

（二）锤尾锯削

【加工内容及要求】

用手锯依加工线锯去锤尾多余部分。注意保留锉削加工余量。

1. 工具及设备

手锯、锯条、毛刷、台虎钳及软钳口等。

2. 操作步骤

应先锯削锤尾大斜面，后锯削锤尾小斜面。

（1）锤尾大斜面锯削方法。

1）起锯。将工件垂直夹持在台虎钳一侧，锤尾端面朝上，在加工界线外锯一条深约1mm的凹槽。

2）锯削。将工件倾斜夹持，如图3-24所示，保证加工界线 HJ 垂直于钳口；在加工界线外进行正常锯削，留1mm加工余量。锯削大斜面要尽量一次完成。

（2）锤尾小斜面锯削方法。

1）起锯。将工件水平夹持在台虎钳一侧，在加工界线外锯一条深约1mm的槽。

2）锯削。工件倾斜夹持，如图3-25所示，应保证加工界线 NJ 垂直于钳口；锯断锤尾的余料。

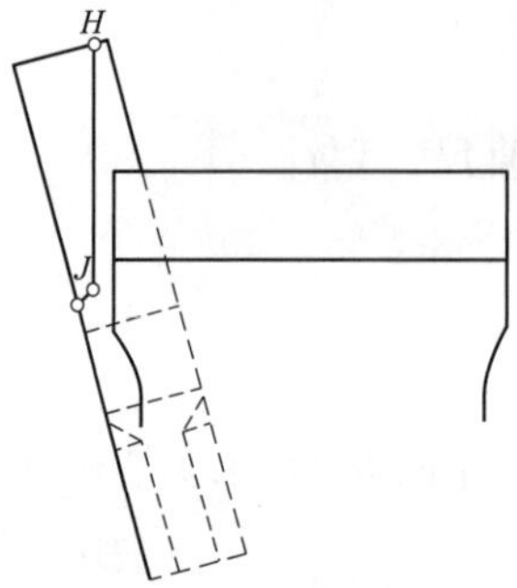

图3-24 锯削锤尾大斜面时工件夹持示意

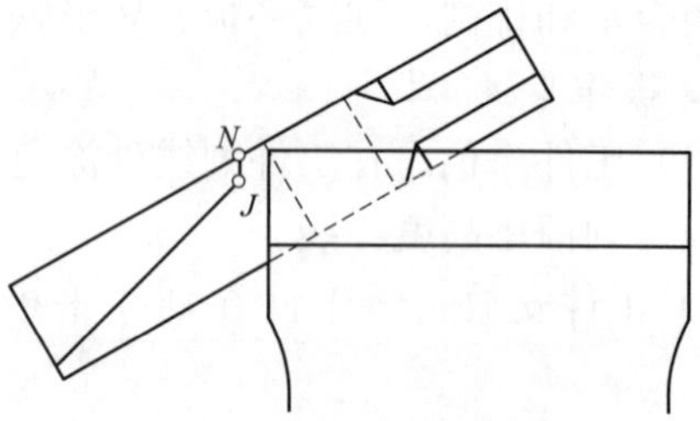

图3-25 锯削锤尾小斜面工件夹持示意

锤尾锯削操作注意事项及常见错误见表3-41。

表3-41 锤尾锯削操作注意事项及常见错误

注意事项	常见错误
1. 工件夹持时应对已加工面进行保护。 2. 工件在台虎钳上应夹牢，伸出钳口要短，锯缝应靠近钳口且与钳口垂直。 3. 锯削时要留出1mm左右加工余量，锯条侧面应始终与划线平面平行。 4. 随时观察锯缝的平直情况，发现歪斜应及时纠正。 5. 工件快锯断时用力要轻、要缓	1. 起锯时拉伤工件表面。 2. 锯缝歪斜过多，难以纠正。 3. 锯削操作越过加工界线，切入锤尾实体

（三）锤尾锉削

【加工内容及要求】

用锉刀锉削锤尾至加工线。

1. 工具及设备

锉刀、毛刷、台虎钳及软钳口。

2. 操作步骤

先锉削锤尾小斜面，后锉削锤尾大斜面。

(1) 锤尾小斜面锉削方法。工件夹持时锤尾小斜面 NJ 应朝上，贴近钳口并与钳口平行，如图 3-26 所示；锉削至接近加工界线 NJ 时改用细齿锉加工。

(2) 锤尾大斜面锉削方法。工件夹持时锤尾大斜面 HJ 应朝上，贴近钳口并与钳口平行，如图 3-27 所示；锉削至接近加工界线 HJ 时改用细齿锉加工。

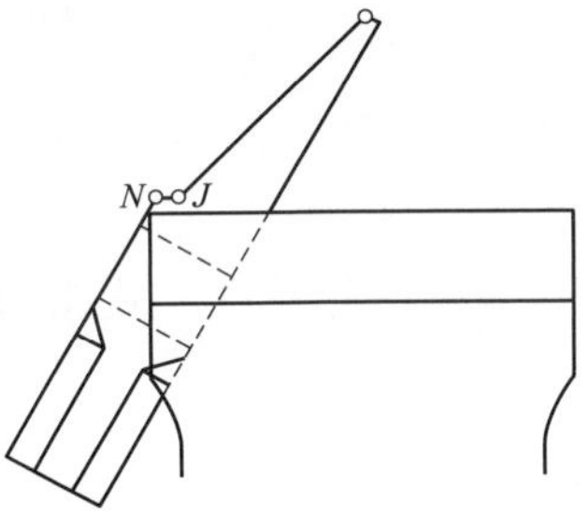

图 3-26 锉削锤尾小斜面时工件夹持示意

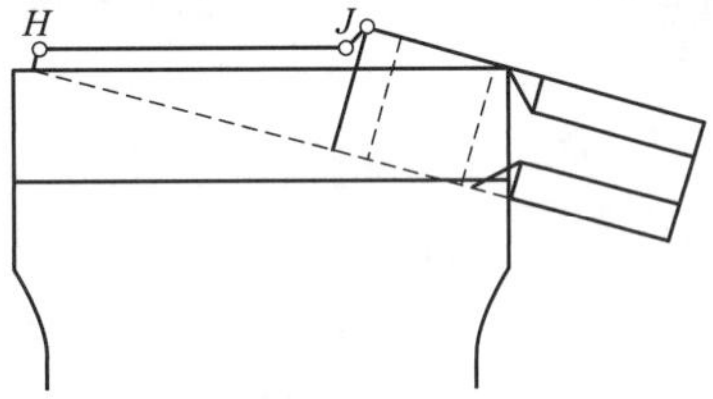

图 3-27 锉削锤尾大斜面时工件夹持示意

锤尾锉削操作注意事项及常见错误见表 3-42。

表 3-42 锤尾锉削操作注意事项及常见错误

注意事项	常见错误
1. 工件夹持时应对已加工面进行保护。 2. 锉削时应注意锉刀光面一侧朝内，以免碰伤相邻面	1. 锉削操作越过加工界线。 2. 工件表面被锉削成中凸、塌边、塌角。 3. 锤尾小面角度误差大。 4. 锤尾大小面之间形成一条沟槽

（四）锤尾质量检查

1. 工具及设备

刀口形直尺、游标卡尺、90°角尺、万能量角器。

2. 操作步骤

(1) 用刀口形直尺检查平面度。

(2) 用 90°角尺检查与 A 面的垂直度。

(3) 用万能量角器测量小面倾斜角度。

(4) 用游标卡尺测量尺寸。

锤尾质量检查操作注意事项及常见错误见表 3-43。

表 3-43 锤尾质量检查操作注意事项及常见错误

注意事项	常见错误
平面度、垂直度、角度、尺寸四项都应检查，不要遗漏	未检查锤尾两个面与基准面的垂直度

【检测与评价】

各团队自主进行自检和互检，有效进行工作反馈与经验交流。通过质量分析，发现问题，研究问题，提出改进方案，进一步提高工件质量。

（1）工件展示。在团队内展示自己的工件。

（2）自我评述。客观评述工件，准确表述优缺点；对操作过程中遇到的问题或存在的不当方法，提出改进计划。

（3）队友点评。听取并记录队友对自己工件的评价和改进建议，取长补短，共同进步。

（4）填写锤孔检测评价表（见附表 6）。

视频 3-12 精加工与砂光

3.4.6 第六步 精加工与砂光

（一）扁尾锤精加工

1. 工具及设备

粗齿锉、细齿锉、小方锉、一对小 V 形铁、台虎钳及软钳口、刀口形直尺、90°角尺、游标卡尺。

2. 操作步骤

（1）用粗齿锉消除锉纹和划线痕迹，理顺纵向锉纹。

（2）用细齿锉修整所有尺寸至图样要求。

（3）小面处使用小方锉采用推锉法修整锉纹。

精加工操作注意事项及常见错误见表 3-44。

表 3-44 精加工操作注意事项及常见错误

注意事项	常见错误
1. 工件夹持时应对已加工面进行保护。 2. 用粗齿锉进行精加工时用力尽量要小。 3. 要求锉纹顺向一致。 4. 加工时应勤检查垂直度、平面度、平行度和尺寸。工件尺寸要精加工到位	1. 工件表面被夹伤。 2. 尺寸超差。 3. 粗锉纹明显。 4. 未理顺纵向锉纹

（二）扁尾锤砂光

1. 工具及设备

锉刀、0 号砂纸、一对小 V 形铁、台虎钳及软钳口。

2. 操作方法

先将工件夹持在台虎钳上，再将砂纸绕在锉刀上，用顺锉法和推锉法对工件各表面依次进行砂光至表面粗糙度要求。

砂光操作注意事项及常见错误见表 3-45。

表 3-45 抛光操作注意事项及常见错误

注意事项	常见错误
1. 夹持工件时应对已加工面进行保护。 2. 一定要在精加工完成的基础上进行砂光。 3. 砂光时的方向应和精加工方向一致。 4. 砂光小面时，可将砂纸撕成条状包裹在锉刀上，用推锉的方式进行	1. 锉纹未消除。 2. 砂光操作未注意方向性。 3. 工件表面被夹伤

【检测与评价】

各团队自主进行自检和互检，有效进行工作反馈与经验交流。通过质量分析，发现问题，研究问题，提出改进方案，进一步提高工件质量。

（1）工件展示。在团队内展示自己的工件。

（2）自我评述。客观评述工件，准确表述优缺点；对操作过程中遇到的问题或存在的不当方法，提出改进计划。

（3）队友点评。听取并记录队友对自己工件的评价和改进建议，取长补短，共同进步。

（4）填写精加工与砂光检测评价表（见附表7）。

3.5 总结评价

3.5.1 团队总结评价

（1）对本团队所有成员的工件进行全面检测评价，选出本团队优秀工件。

（2）在全班展示并介绍本团队优秀工件。

3.5.2 钳工实训报告撰写要求

实训报告是对实训过程进行的全面总结和反思。通过撰写总结报告，全面、系统地总结实训期间的学习、工作情况，正确认识学习、工作中的优缺点，总结经验教训，将感性认识上升为理性认识，以指导将来的学习和工作。

撰写实训报告有如下要求：

（1）实训报告应包括实训目的、实训内容、实训小结三部分。在实训内容部分，要清楚叙述通过本次实训，学到了哪些钳工基本技能，提高了哪方面的能力，并总结出本次实训过程中的收获和不足。

（2）实训内容中应包含工件图。

（3）实训报告应包含本次实训过程中经历的对技术、工艺和质量管理等方面的问题进行分析并找到解决方案的实例。

（4）鼓励创新。鼓励在实训报告中就本实训项目的学习提出技术与方法等各方面进一步改进的思路与具体方案。

（5）要求在实训报告中对实训过程中本人或团队其他成员经历的不同成功与失败案例进行对比剖析，领悟并认识敬业耐劳、尊重规则、团队协作、崇尚卓越等职业道德与素质在个人职业发展和事业成功中的重要性，以及注重日常职业素质养成的必要性。

（6）钳工实训报告见附表8，报告允许附页。

4 其他综合项目

4.1 制作V形铁块

针对学时只有1周且无学习基础的学习者，推荐通过学习制作V形铁块来进行钳工基础知识的学习和基本操作技能的训练，以初步培养学习者的动手能力和职业素养。

4.1.1 V形铁块制作项目任务书

（一）V形铁块工件图及制作要求

将 $\phi32$ 材料为Q235的圆钢截取一段，制作成如图4-1所示的V形铁块，达到图样规定的形状、尺寸、精度、表面粗糙度等各项要求。

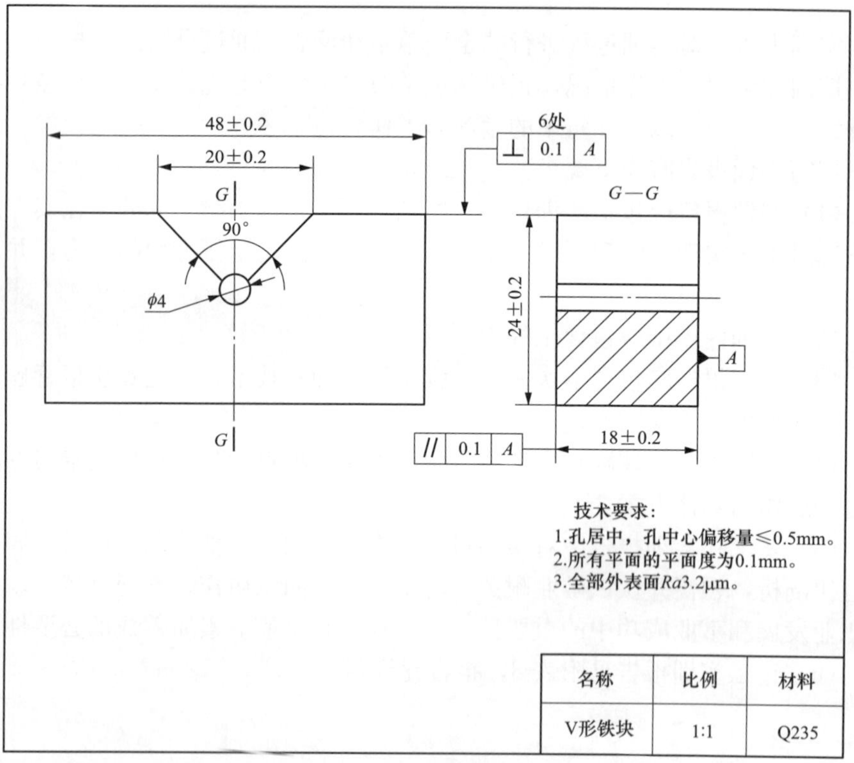

视频4-1 V形铁块实物展示

图4-1 V形铁块工件图

（二）V形铁块评分标准

V形铁块评分标准见附表9。

4.1.2 任务分析

（一）识读V形铁块工件图

认真研读工件图，建立工件结构、形状的空间立体概况，知悉各部位的加工尺寸、精度、表面粗糙度要求及图样上的技术要求内容。

（二）制订V形铁块加工工艺流程

工件外形尺寸（18±0.2）mm、（24±0.2）mm、（48±0.2）mm，以及平面度、平行度、垂直度等要求，可按如下方法实现：将 ϕ32 圆钢截取一段，经划线、锯削和锉削加工成18mm×24mm×48mm 的长方体来完成，并达到各项技术要求。

孔的形状、尺寸、对称度等，可经划线、钻孔完成。

V形槽部分的形状、尺寸、平面度等要求，可经划线、锯削、锉削完成。

全部外表面的表面粗糙度要求可经精加工与砂光完成。

综上所述，V形铁块的加工过程可分为五个环节：下料、加工长方体、钻孔、加工V形槽、精加工与砂光。

（三）V形铁块加工注意事项

（1）加工时要认真识读工件图，知悉尺寸和几何公差，按照加工工艺进行。

（2）划线前，一定要先保证基准面的几何公差要求，以保证划线的准确性。

（3）测量工件时，要注意测量方法的正确，以保证测量精度。

（4）正确使用工具。工具应定位摆放整齐，做到随用随拿，用后归位。

（5）钻孔时，务必严格遵守钻床安全操作规程，注意人身及设备安全。

（6）加工结束后应清理现场，所有物品应按规定有序存放，台虎钳钳口应自然合拢，手柄回转一圈后垂直向下。

4.1.3 作业前准备

（一）作业环境准备和安全检查

1. 对作业环境进行选择和整理

实训人员确定工位。

2. 对常用设备和工具进行安全检查

（1）设备检查。检查钳工台是否平稳、结实，安全网是否安装牢固；检查钻床的电源开关是否安全可靠，平口钳是否牢固，手柄是否灵活。

（2）工具准备并检查。检查台虎钳的底盘及钳口是否固定，手柄是否灵活。准备淡金水和排刷，划线平板、V形铁、游标高度尺、游标卡尺、钢直尺、刀口形直尺、90°角尺、划针、手锯、锯条、粗齿锉、细齿锉、ϕ4 钻头、样冲、锤子、软钳口、毛刷、0号砂纸等，并检查工具是否完好。

（二）材料准备

准备 ϕ32 材料为Q235 的一段圆钢。

4.1.4 作业项目实施

根据已制订的加工工艺和准备好的工具和设备等，进行V形槽的分步加工。

第一步：下料

下料具体加工内容及图示见表 4-1。

表 4-1　下料具体加工内容及图示

具体加工内容及要求	加工简图
选取材料为 Q235 的 ϕ32 圆钢，截取长度 52mm，并达到图中所示各项技术要求及参数。 具体操作方法及注意事项参照 3.4.1 进行	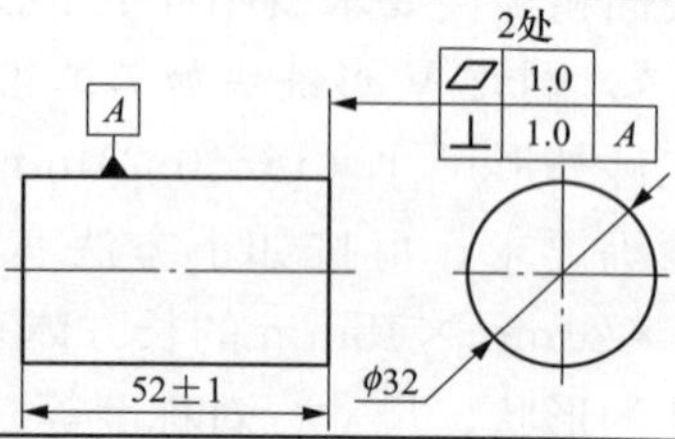

第二步：加工长方体

将 $\phi32\times52$mm 的圆柱体经划线、锯削和锉削加工成 $18\text{mm}\times24\text{mm}\times48\text{mm}$ 的长方体，并符合图 4-2 中所示各项技术要求。

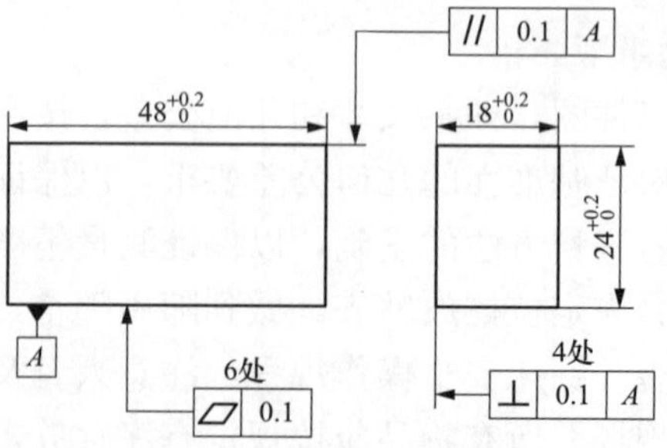

图 4-2　长方体加工要求

长方体加工各步骤具体内容及图示见表 4-2，具体操作方法及注意事项参照 3.4.2。

表 4-2　长方体加工具体内容及图示

加工步骤	具体加工内容及要求	加工简图
1. 加工长方体 *A* 面	完成长方体一个侧面的划线、锯削和锉削，检查其平面度，满足技术要求后即可作为长方体的加工基准面 *A* 面	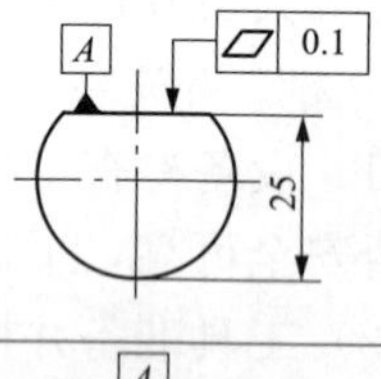
2. 加工长方体 *B* 面	完成 *B* 面（基准面 *A* 面的平行面）的划线、锯削和锉削，至尺寸 18mm，注意要保留加工余量。检查平面度、平行度，满足技术要求	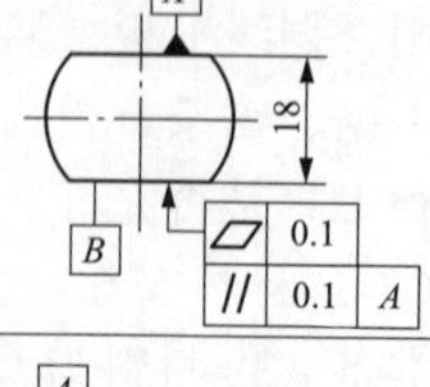
3. 加工长方体 *C* 面	完成 *C* 面（基准面 *A* 面的垂直面）的划线、锯削和锉削，检查平面度、垂直度，满足技术要求	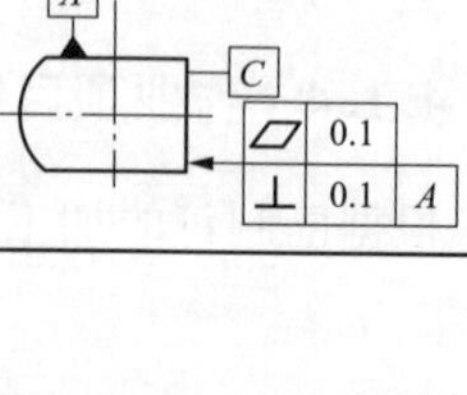

续表

加工步骤	具体加工内容及要求	加工简图
4. 加工长方体 *D* 面	完成 *D* 面（*C* 面的平行面）的划线、锯削和锉削，至尺寸 24mm，注意要保留加工余量。检查平面度及与 *A* 面的垂直度，满足技术要求	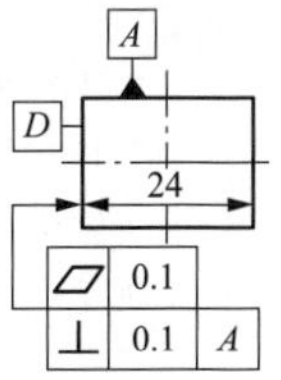
5. 加工长方体 *E* 面	完成长方体一端面 *E* 面的锉削操作，检查其平面度及与 *A* 面的垂直度，满足技术要求	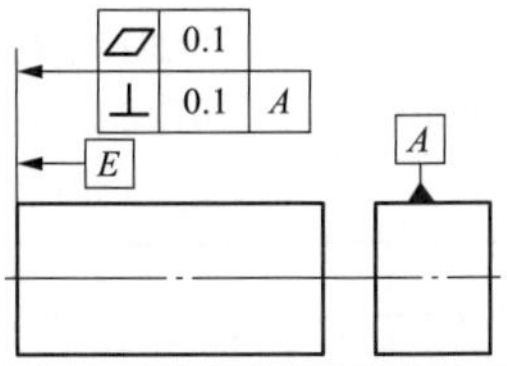
6. 加工长方体 *F* 面	完成另一个端面 *F* 面的划线和锉削，至尺寸 48mm，注意要保留加工余量。检查平面度及与 *A* 面的垂直度，满足技术要求	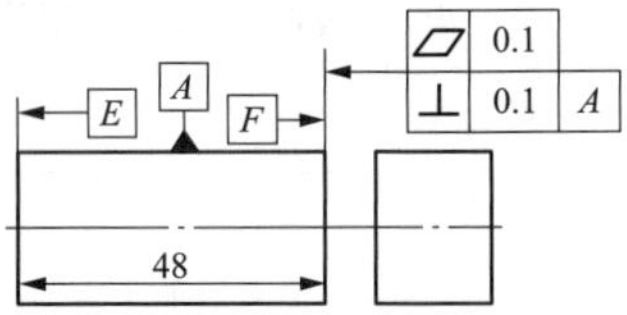

第三步：钻孔

钻孔具体加工内容见表 4-3。

表 4-3　钻孔具体加工内容及图示

加工步骤	具体加工内容及要求	加工简图
1. 划线	应在钻孔前完成工件全部划线工作。 先确定直角三角形顶点，再划两直角边。注意对称性，并应三面划线	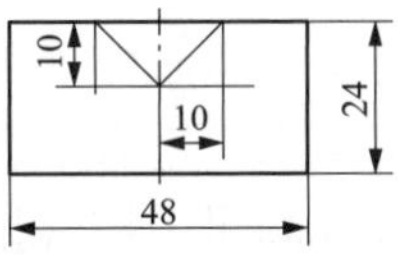
2. 打样冲眼	在圆心处打样冲眼	
3. 钻孔	选用 ϕ4 钻头。钻孔操作方法及注意事项参照 2.7.2 和 2.7.3	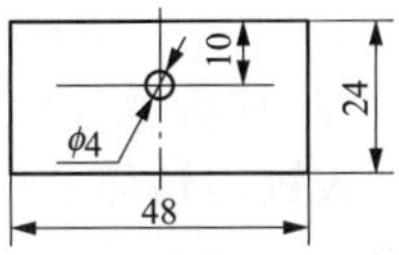

第四步：加工 V 形槽

V 形槽具体加工内容见表 4-4。

表 4-4　V 形槽具体加工内容及图示

加工步骤	具体操作方法	加工简图	注意事项
1. 锯削	起锯：将工件水平夹持在台虎钳上，在加工界线外锯一条深约 1mm 的槽。 再将工件倾斜夹持，使加工界线垂直钳口，在加工界线外进行正常锯削	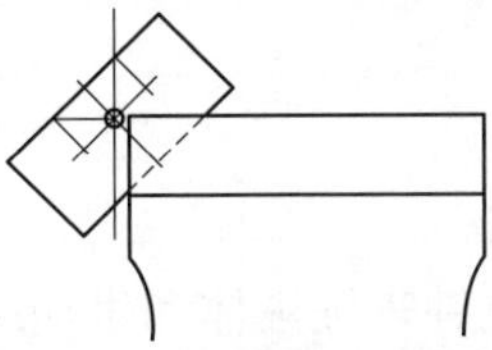	工件夹持时应对已加工面进行保护。 锯削时要留出加工余量。 工件快锯断时用力要轻、要缓

续表

加工步骤	具体操作方法	加工简图	注意事项
2. 锉削	工件夹持：保持加工面朝上，贴近钳口并与钳口平行。 锉削接近加工界面线时改用细齿锉加工	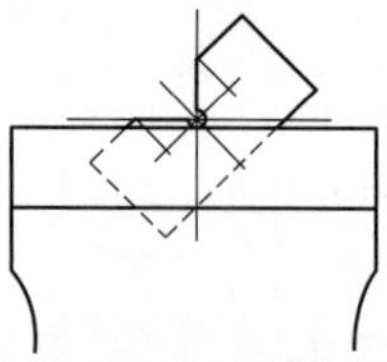	工件夹持时应对已加工面进行保护。 锉削时应注意锉刀光面一侧朝内，以免碰伤已加工面
3. 质量检查	用游标卡尺测量尺寸。 用刀口形直尺检查平面度。 用90°角尺检查垂直度：V形槽两个面之间的垂直度；V形槽两个面与工件基准面之间的垂直度		

第五步：精加工与砂光

精加工与砂光具体操作内容见表4-5。

表4-5　精加工与砂光具体操作内容

加工步骤	具体操作方法
1. 精加工	用粗齿锉消除锉纹和划线痕迹，理顺纵向锉纹。 用细齿锉修整所有尺寸至图4-1图样要求
2. 砂光	用砂纸对工件表面砂光至图样要求，方向与精加工时相同

4.2 制作钟表锤

与扁尾锤制作项目相比，钟表锤制作项目难度稍大，涉及钳工基础知识和基本操作技能的内容更多，适合于有一定钳工训练基础或曾参加过技能高考的学习者进行学习和训练，以进一步提高钳工综合技能。

4.2.1 钟表锤制作项目任务书

（一）钟表锤工件图及制作要求

钟表锤由锤体和锤柄两部分组成。

将 $\phi 26$ 材料为Q235的圆钢截取一段，加工成如图4-3所示的钟表锤锤体，达到图样规定的形状、尺寸、精度及表面粗糙度等各项要求。

将 $\phi 6$ 材料为Q235的圆钢截取一段，加工成如图4-3所示的钟表锤手柄，达到图样规定的形状、尺寸、精度及表面粗糙度等各项要求。

（二）钟表锤评分标准

钟表锤评分标准见附表10。

4.2.2 任务分析

（一）识读钟表锤工件图

识读钟表锤形体，建立钟表锤锤体和手柄结构、形状的空间立体概况，明确各部位的加

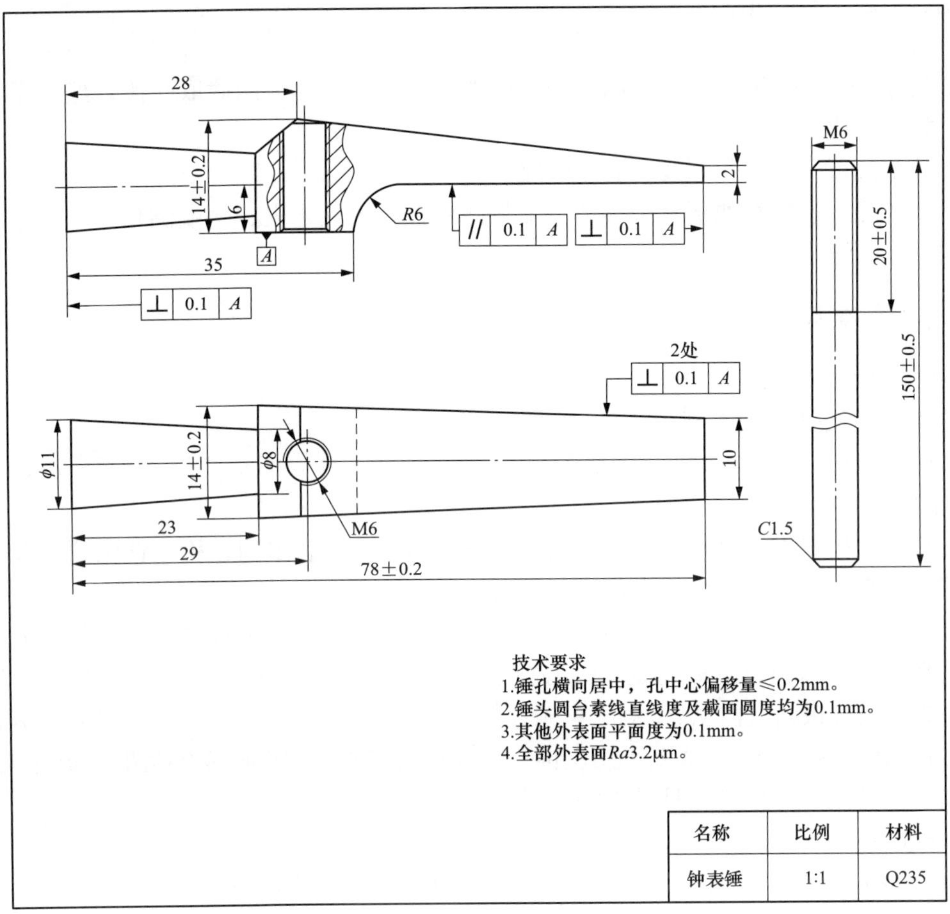

图 4-3　钟表锤工件图

视频 4-2　钟表锤实物展示

工尺寸、精度、表面粗糙度要求，以及图样上的技术要求内容。

（二）制订钟表锤加工工艺流程

1. 钟表锤锤体加工工艺流程

锤体的外形尺寸（14±0.2）mm、（14±0.2）mm、（78±0.2）mm 及各表面平面度、垂直度要求，可按如下方法实现：将 ϕ26 材料为 Q235 的圆钢截取一段，经测量与划线、锯削和锉削加工成 14mm×14mm×78mm 的长方体，并达到各项技术要求。

锤孔横向居中且带内螺纹，其形状、尺寸、对称度及螺纹等，可经测量与划线、钻孔、攻螺纹完成。

锤头为一长度为 23mm 的偏心圆台，圆台横向居中，沿锤孔轴线方向偏心。锤头形状、尺寸、对称度、素线直线度及截面圆度等，可经测量与划线、锉削完成。

锤尾下部为一内曲面与平面连接而成，内曲面为 1/4 圆弧面；锤尾上部由一大一小两个倾斜平面组成；锤尾两侧面为两对称倾斜平面。锤尾形状、尺寸、平面度等要求，可经测量与划线、锯削、锉削完成。

全部外表面的表面粗糙度要求可经精加工与砂光完成。

综上所述，钟表锤的加工过程有如下六个环节：下料、加工长方体、加工锤孔、加工锤头、加工锤尾、精加工与砂光。

2. 钟表锤手柄加工工艺流程

手柄外形尺寸 $\phi6\times(150\pm0.5)$mm，可将 $\phi6$ 材料为 Q235 的圆钢截取一段，经测量与划线、锯削、校直完成。

手柄一端外螺纹可经测量与划线、套螺纹完成。

钟表锤手柄的加工过程有如下三个环节：下料并校直及去氧化皮、两端倒角并一端套螺纹、精加工与砂光。

4.2.3 作业前准备

（一）作业环境准备和安全检查

1. 对作业环境进行选择和整理

实训人员确定工位。

2. 对常用设备和工具进行安全检查

（1）设备检查。检查钳工台是否平稳、结实，安全网是否安装牢固；检查钻床的电源开关是否安全可靠，平口钳是否牢固，手柄是否灵活。

（2）工具准备并检查。检查台虎钳的底盘及钳口是否固定，手柄是否灵活。准备淡金水和排刷，划线平板、V形铁、游标高度尺、游标卡尺、钢直尺、刀口形直尺、90°角尺、划针、划规、R规（或样板）、样冲、手锯、锯条、粗齿锉、细齿锉、$\phi12$ 圆锉、6.5mm 小方锉、$\phi5.2$ 钻头、$\phi6$ 钻头、锤子、M6 手用丝锥一套及配套铰杠、M6 圆板牙及配套板牙架、软钳口、毛刷、砂纸等，并检查工具是否完好。

（二）材料准备

准备 $\phi26$ 材料为 Q235 的圆钢一段；准备 $\phi6$ 材料为 Q235 的圆钢一段。

4.2.4 作业项目实施

根据已制订的加工工艺和准备好的工具及设备等，进行工件分步加工。

（一）锤体加工工序

第一步：下料

选取 $\phi26$ 材料为 Q235 的圆钢，截取一段，并达到图 4-4 中所示的各项技术要求及参数。

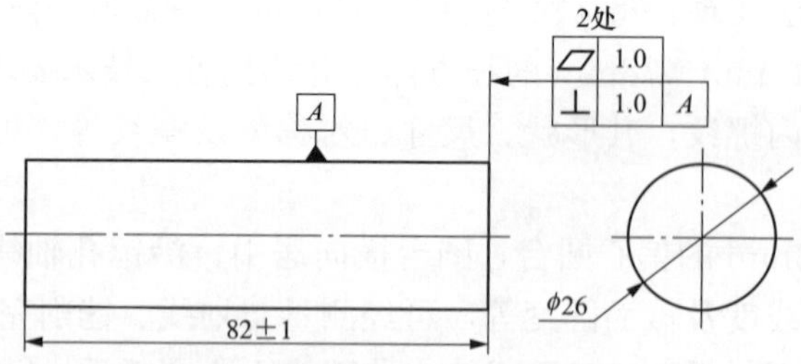

图 4-4 钟表锤下料要求

第二步：加工长方体

将 $\phi26\times82$mm 的圆柱体经划线、锯削和锉削加工成 14mm×14mm×78mm 的长方体，并达到图 4-5 中所示的各项技术要求。

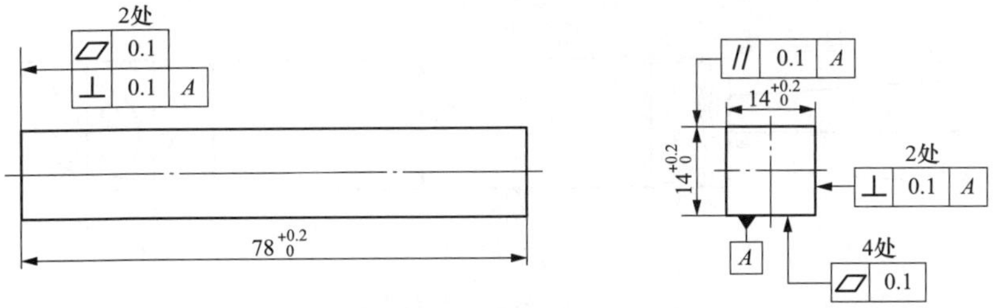

图 4-5 长方体加工要求

第三步：加工锤孔

按照图 4-6 要求钻通孔，并攻内螺纹。锤孔加工步骤及具体内容见表 4-6。

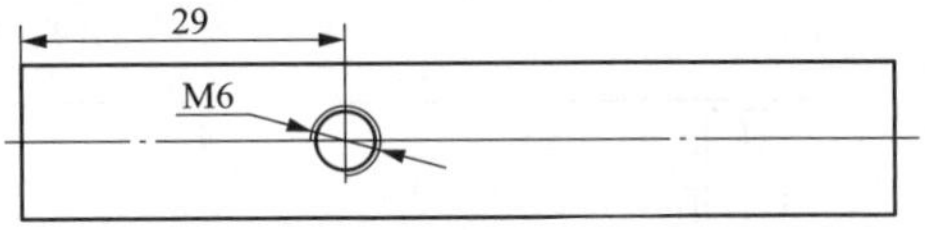

图 4-6 钟表锤锤孔加工要求

表 4-6 **锤孔加工步骤**

加工步骤	具体操作方法及图示	注意事项
1. 划底孔中心线，按孔径划圆并打上样冲眼	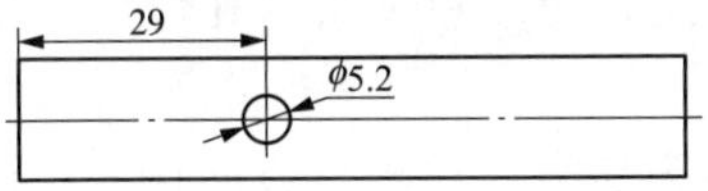	为保证精度，划一次中线后应将工件旋转 180°再划一次中线
2. 钻孔	在钻床上安装 ϕ5.2 钻头，找正试钻后，钻出螺纹底孔	应严格遵守钻床操作规程，确保安全
3. 攻螺纹	1. 孔口倒角：在钻床上安装 ϕ6 锪孔钻，孔口两端倒角。 2. 安装头锥：将 M6 头锥在铰杠上安装好。 3. 工件夹持并起攻。 4. 检查与校正：丝锥旋入孔内 1～2 圈后，检查丝锥与孔端面是否垂直。 5. 正常攻螺纹：两手紧握铰杠两端，只转动而不再加压，每顺时针转一圈后应反转 1/4 圈，直至丝锥的完整牙形部分完全通过孔的全长。 6. 攻二锥：头攻结束后，换二锥再攻	1. 起攻时，应一手用手掌按住铰杠中部，沿丝锥轴线方向用力加压，另一手配合做顺向旋进 2. 攻螺纹过程中，应始终保持丝锥与孔端面垂直。要经常退出丝锥，清除切屑。 3. 攻螺纹时，丝锥的完整牙形部分必须完全通过孔的全长，同时丝锥的标准部分不能全部攻出底孔口，以防退丝锥时造成烂牙

第四步：加工锤头

将钟表锤锤头由长方体形状加工成如图 4-7 所示的偏心圆台状，要求锤头横向居中，沿锤孔轴线方向偏心，圆台的圆度及素线直线度均要求为 0.1mm。

视频 4-3 钟表锤锤头加工各阶段实物展示

应首先将锤头加工成与偏心圆台同轴的偏心长方体，再加工成四棱台形状（其横截面为正方形，大底和小底边长应分别略大于 11mm 和 8mm），然后加工成八棱台状，以此类推，最后用曲面加工方法锉削成圆台状。

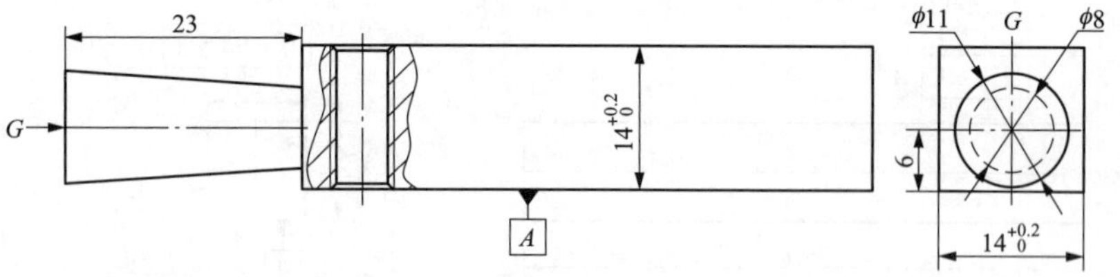

图 4-7 钟表锤锤头加工要求

1. 偏心长方体加工

将锤头部分加工成如图 4-8 所示的偏心长方体，其横截面边长为 12，平面度要求同前。

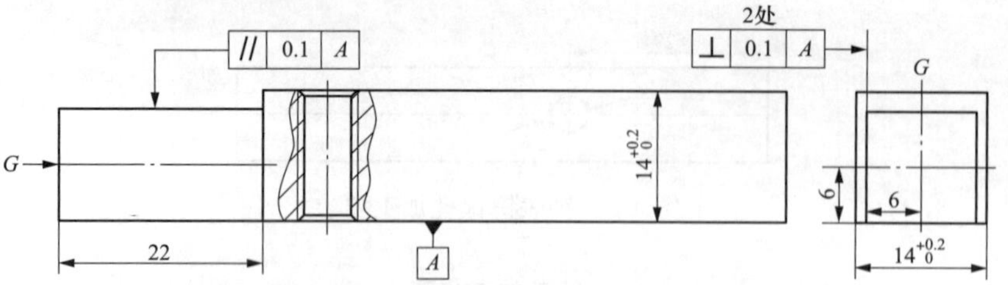

图 4-8 偏心长方体加工要求

（1）划锤头高度线（22mm 尺寸线）前，应注意观察锤孔位置，不要把锤头线划反而划到锤尾上。

（2）划长方体各面中线时，应注意锤头是沿锤孔轴线方向偏心，而非横向偏心。

（3）沿工件轴线方向划线时，应从锤头延长至锤身，为后续加工留参考线。

（4）锉削时可先使用粗齿锉稍倾斜锉削，直至锤头高度线附近形成高度差之后再水平锉削，以保护邻近表面不致损伤。

（5）为便于起锉，也可先利用小方锉的棱边在锤头高度线附近开个凹槽，再用粗齿锉在开槽外侧进行平面锉削。

（6）锉削时锉刀光面应朝内，锤头根部侧面处应保留锉削加工余量，尽量不损伤锤头与锤身的连接面。

（7）质量检查时应注意先去除工件上的毛刺，再进行平面度、垂直度、平行度、尺寸检查。

2. 偏心正四棱台加工

将偏心长方体加工成如图 4-9 所示的偏心正四棱台，其大、小底面正方形边长分别为 12mm 和 9mm，平面度要求同前。

加工时，划线、锉削、质量检查注意事项如下：

（1）偏心正四棱台四个侧面的加工应分两步完成。先通过划线、锉削操作完成相对的一对侧面加工，再通过划线、锉削操作完成另一对相对侧面的加工。

（2）用游标高度尺沿工件轴线方向划线定位小底四顶点时，线应延伸到锤身，为后续加工留参考线。

（3）锉削时锉刀光面应朝内，锤头根部应保留锉削加工余量，尽量不损伤锤头与锤身的

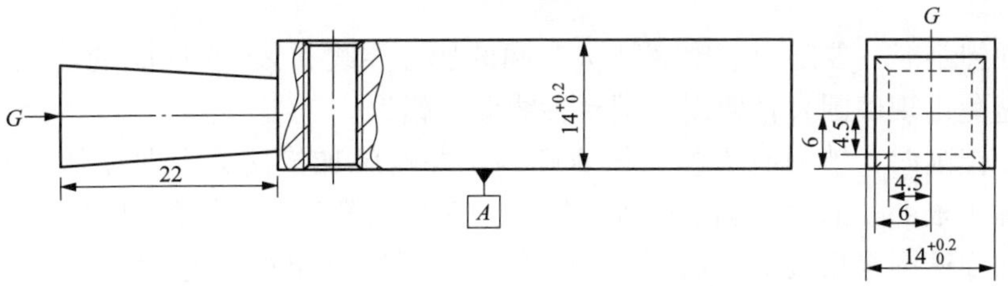

图 4-9 偏心正四棱台加工要求

连接面。

(4) 锉削时应随时观察并进行质量检查，保证正四棱台小底正方形对边的中心不发生偏移。

3. 偏心正八棱台加工

将偏心正四棱台加工成如图 4-10 所示的偏心正八棱台，其大、小底面正八边形各对边的距离分别为 12mm 和 9mm，平面度要求同前。

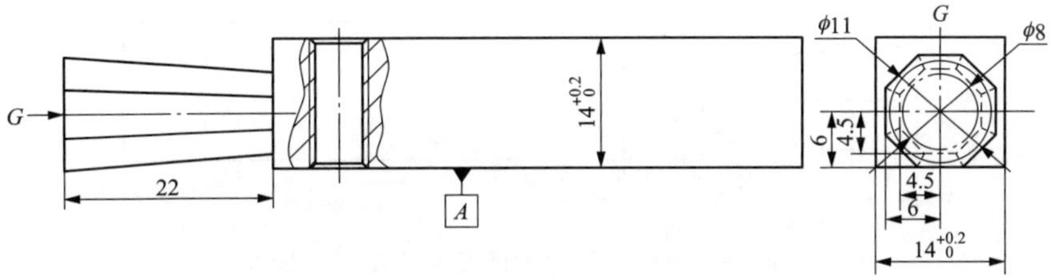

图 4-10 偏心正八棱台加工要求

加工时，划线、锉削、质量检查注意事项如下：

(1) 应首先在锤头端面划出 ϕ11 的圆，再划大底正八边形。注意划线时应确定正八边形 8 个顶点的位置。

(2) 划正八边形的各边时应延伸划至工件两侧面，以便在工件侧面能清晰定位顶点位置，为后续加工留参考线。

(3) 锉削时锉刀光面应朝内，锤头根部应保留锉削加工余量，尽量不损伤锤头根部与锤身连接处。

(4) 锉削过程中应经常观察并进行质量检查，以便于及时修正。

(5) 避免小底中心发生偏移。

(6) 避免锉削过度，伤及底圆。

4. 偏心圆台加工

将偏心正八棱台加工成如图 4-7 所示的偏心圆台，加工注意事项如下：

(1) 划锤头长度 23mm 尺寸线和锤头小底圆的加工参考线时应在锤身四面均划线，不要遗漏。

(2) 曲面锉削时，应注意使锉刀同时完成前进运动和绕圆弧面中心转动两个动作，避免圆弧不圆而呈多角形。

(3) 曲面锉削时，应尽量使锉刀宽度完整覆盖锤头，避免锤头因分段锉削导致圆台素线由直线变成弧线。

（4）曲面锉削时，要随时观察 $\phi11$ 大底圆的加工界线和 $\phi8$ 小底圆的加工参考线，及时调整操作，避免出现底圆直径错误和圆台轴线偏移错误。

（5）曲面锉削时，锉刀有齿的一侧应朝内，并略施加横向力，即在加工圆台曲面的同时，还要对锤头根部处的锤身侧平面进行锉削，曲面锉削和平面锉削应同时达到图纸要求。

（6）在曲面锉削至接近 23mm 尺寸线时，应换用细齿锉加工侧平面。

视频 4-4　钟表锤锤尾加工各阶段实物展示

（7）锉削过程中应经常观察并进行质量检查，包括圆台的圆度、圆台素线直线度、圆台尺寸及圆台小底中心是否发生偏移。

第五步：加工锤尾

锤尾加工包括三部分内容：加工锤尾下部内曲面及其连接平面；加工锤尾上部两倾斜平面；加工锤尾两侧一对对称斜平面。

1. 加工锤尾下部内曲面及其连接平面

锤尾下部内曲面及其连接平面划线如图 4-11 所示。锤尾下部内曲面为半径为 6mm 的 1/4 圆孔，圆心 N 与锤头端面距离为 35＋6＝41(mm)。

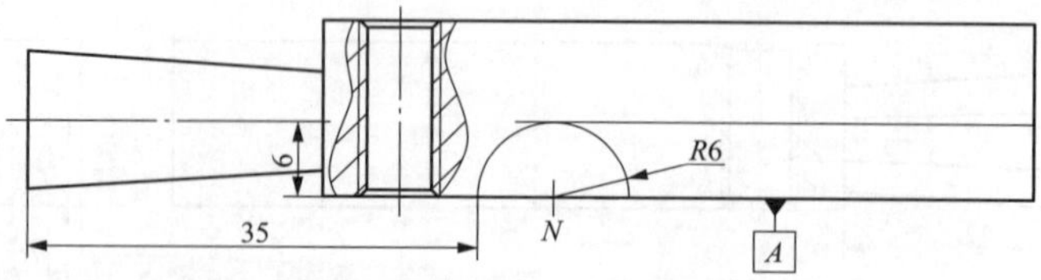

图 4-11　锤尾下部内曲面及其连接平面划线

锤尾下部内曲面及其连接平面加工注意事项如下：

（1）锤尾下部平面与锤头轴线平齐，划线时不要划反。

（2）定位圆心及划半圆时，应将两工件合并在一起，以方便冲眼和划圆。

（3）锉削半圆孔时，起锉中心应定在半圆孔中心线（41mm 尺寸线）上。为防止锉削初始时锉刀打滑锉伤邻近表面，可先用小方锉的棱边在孔中心线（41 尺寸线）处开个凹槽，再用 $\phi12$ 圆锉将半圆孔锉削至接近加工界线处，保留约 0.5mm 的加工余量。要注意加工面应与工件侧平面相垂直。

（4）锯削锤尾下部多余部分材料后，锉削锤尾下部平面时，应保留约 0.5mm 的加工余量。

（5）进行锤尾下部平面与内曲面连接加工时，应先用圆锉按锉削内曲面的方法加工圆弧部分，至内曲面基本成形，再用推锉法使平面与内曲面连接处过渡圆滑，光滑平整。

（6）锉削内曲面时，应注意使锉刀同时完成前进运动、沿圆弧面向左或右移动、绕锉刀中心线转动三个运动。

（7）锉削过程中应经常进行质量检查，包括内曲面轮廓形状和尺寸、内曲面横向直线度、内曲面与工件侧平面的垂直度、锤尾下部平面的平面度和尺寸及锤尾下部平面与工件侧平面的垂直度。

2. 加工锤尾上部两斜平面

锤尾上部两倾斜平面划线如图 4-12 所示。

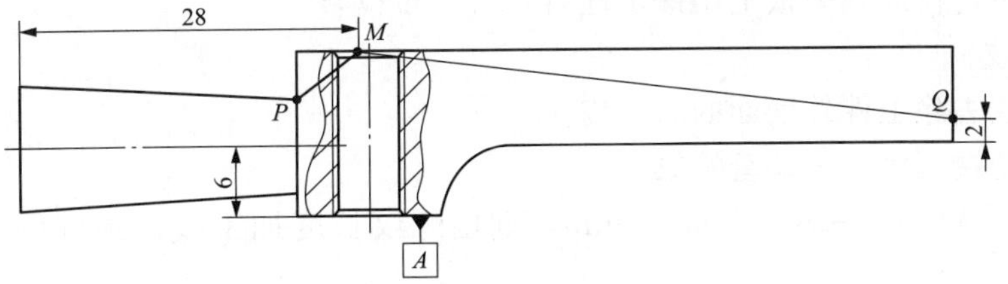

图 4-12 锤尾上部两倾斜平面划线

锤尾上部两斜平面加工注意事项如下：

（1）加工前应对锤头进行保护，避免锉伤。先加工小斜面，后加工大斜面。

（2）锉削小斜面时，工件夹持应注意待加工面朝上，加工界面线贴近钳口且与钳口平行。锉刀光面一侧应朝向锤头。锉削至接近加工界面线时改用细齿锉加工。

（3）锯削大斜面时，工件夹持应注意保证锯削线垂直钳口，尽量一次性完成锯削，注意保留加工余量。

（4）锉削大斜面时，工件夹持应注意待加工面朝上，加工界面线贴近钳口且与钳口平行。锉削至接近加工界面线时改用细齿锉加工。

（5）质量检查内容包括两斜平面的平面度、与工件侧平面的垂直度及锤尾端部尺寸。

3. 加工锤尾两侧对称斜平面

锤尾两侧对称斜平面划线如图 4-13 所示。

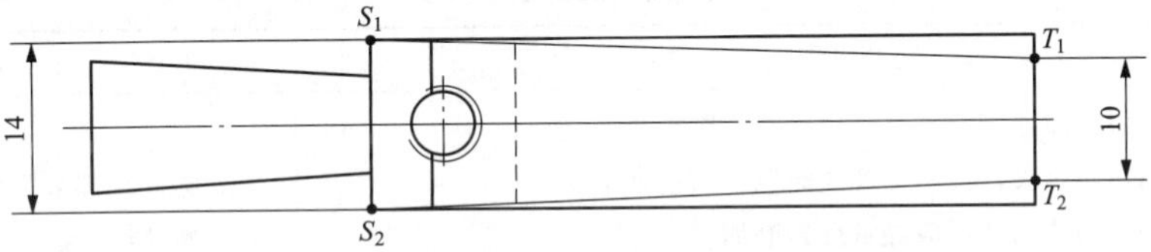

图 4-13 锤尾两侧对称斜平面划线

锉削时注意保护锤头，锉削至接近加工界面线时应改用细齿锉加工。

质量检查内容包括两斜平面的平面度，与基准面的垂直度，S_1S_2 尺寸（14mm）和 T_1T_2 尺寸（10mm）。

第六步：精加工与砂光

消除锉纹和划线痕迹，理顺纵向锉纹，修整尺寸至图样要求。全部外表面砂光至图纸要求。注意工件夹持不要过紧，以免夹伤表面。

（二）手柄加工工序

第一步：下料并校直及去氧化皮

1. 下料

按照图 4-3 所示截取一段 $\phi6$ 的圆钢。

2. 校直

圆杆若发生弯曲变形，可用锤击的方法校直。校直前，先检查圆杆的弯曲程度和弯曲部位，并做好记号；然后使凸部向上，用锤子连续锤击凸处，使凸起部位逐渐消除。

若弯曲明显，可先将圆杆的弯曲处放入台虎钳钳口内，利用台虎钳把它初步夹直，消除显著的弯曲现象，再放到平板上用锤子捶打，进一步校直。

3. 去氧化皮

采用滚锉法去除工件外表面的氧化皮。

第二步：两端倒角，一端套螺纹

(1) 划线。从圆杆一端起量取 20mm，划出螺纹长度加工线；圆杆两端划 1.5mm 倒角线。

(2) 工件夹持并两端倒角。将圆杆在台虎钳钳口中部夹紧夹正，用外曲面锉削的方法对圆杆两端进行倒角。

(3) 安装 M6 圆板牙。

(4) 起套。将板牙套在圆杆头部倒角处，并保持板牙与圆杆垂直，右手握住板牙架的中间部分，沿圆杆轴向施加适当压力，左手配合将板牙架的手柄顺时针方向转动，使板牙切入圆杆 2～3 牙。

(5) 检查与校正。检查板牙架与圆杆的垂直度，发现歪斜，应纠正后再套。

(6) 正常套螺纹。确认板牙位置正确后，只转动不加压，并经常反转以便断屑。直至套完整个螺纹长度 20mm。

(7) 钟表锤与手柄的连接检查：套螺纹结束后，将手柄和钟表锤进行连接检查，检查手柄是否歪斜，啮合是否灵活。

套螺纹加工注意事项见表 4-7。

表 4-7　　套螺纹加工注意事项

注意事项	常见错误
1. 工件夹持时钳口处应使用软钳口，以防夹伤圆杆。 2. 圆杆不应伸出钳口过长，以防套螺纹时圆杆弯曲变形。 3. 套螺纹时两手用力要均衡，应经常反转断屑。 4. 套螺纹时可加入少许润滑油。 5. 检查螺纹质量前，应将工件去掉毛刺，擦拭干净	1. 圆杆端部未倒角。 2. 螺纹烂牙。 3. 螺纹歪斜

第三步：精加工与砂光

将圆杆进行精加工和砂光。注意工件夹持不要过紧，以免夹伤表面。

4.3 锉配凹凸体

锉配是利用锉削方法对零件修整或加工后，将两个或两个以上零件按要求装配在一起，并达到规定配合要求的一种操作。锉配能充分反映操作者的技术水平，是技能比赛的常用题材，也是国家职业技能鉴定钳工中级技能操作考核内容。

4.3.1 凹凸体锉配项目任务书

（一）凹凸体锉配件工件图及制作要求

根据图 4-14～图 4-16 所示的凹凸体锉配零件图，按照其技术要求，正确合理地选用所需要的工具及设备，制订制作工艺，制作出合格的凹凸体锉配件。

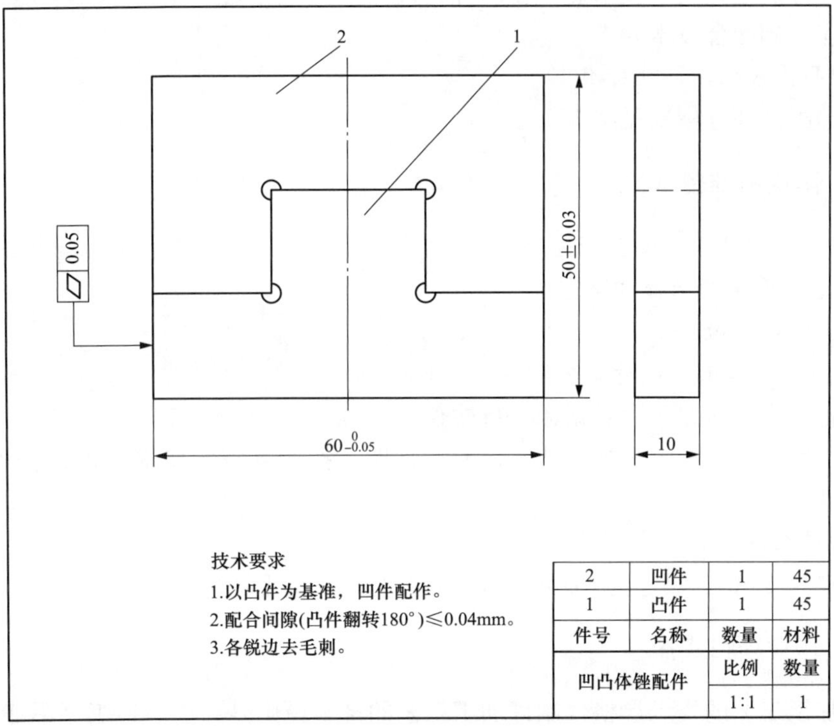

图 4-14 凹凸体锉配件

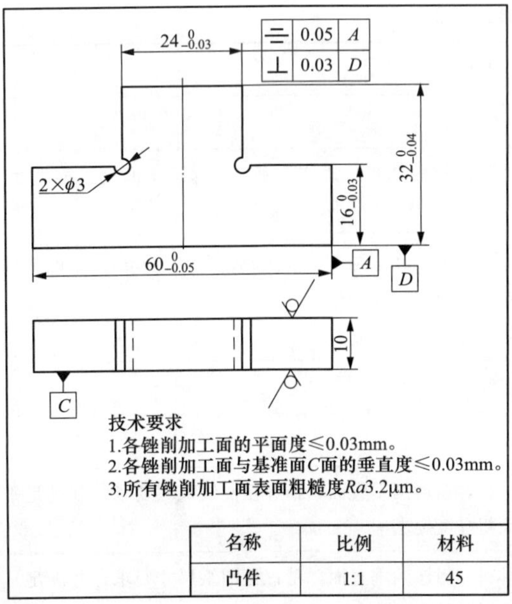

图 4-15 凸件

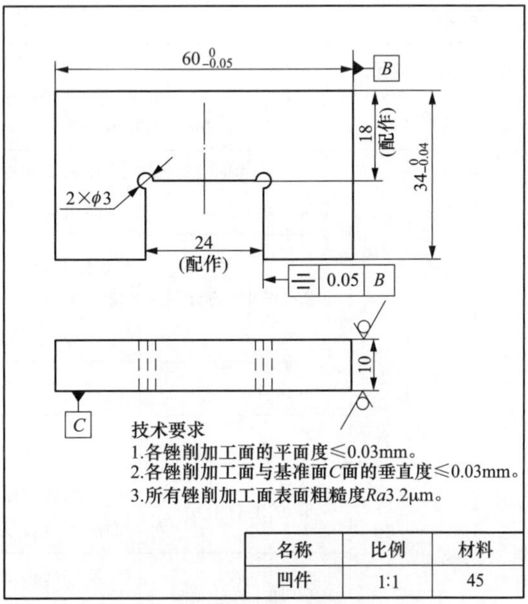

图 4-16 凹件

在凹凸件分别达到基本要求后，在两件相配时，通过精锉，不但单件应达到技术要求，两件配合也应达到配合技术要求。

（二）凹凸体锉配件评分标准

凹凸体锉配件评分标准见附表 11。

4.3.2　作业前准备

（一）作业环境准备和安全检查

1. 对作业环境进行选择和整理

实训人员确定工位。

2. 对常用设备和工具进行安全检查

（1）设备检查。对钳工台和钻床进行检查。

（2）工具准备并检查。根据凹凸体锉配零件图，按照其技术要求，正确合理选用工具，并检查完好性。

（二）材料准备

准备材料为 45 钢，尺寸为 61mm×35mm×10mm 的毛坯两件。

4.3.3　作业项目实施

锉配对加工工艺的要求严格，制订加工工艺的基本原则是：前一道工序不能影响后续工艺的加工和测量。若将凸形件两侧同时锯掉，会造成对称度用常用量具无法测量；若在钻工艺孔之前先锯掉两侧余料，将会导致工艺孔难以加工。

凹凸体锉配件的加工步骤和注意事项见表 4-8 和表 4-9。

表 4-8　　凹凸体锉配件加工步骤

序号	加工步骤	具体加工内容及要求	
1	备料 45 钢	61mm×35mm×10mm 两件	
2	加工凸件	1. 检测、修整毛坯	检测毛坯尺寸，锉削修整相邻直角边作为基准，保证平面度、垂直度、表面粗糙度要求
2	加工凸件	2. 锉削长方体	（1）划线并锉削长方体，尺寸至 $60_{-0.05}^{\ 0}$ mm×$32_{-0.04}^{\ 0}$ mm，保证平面度、垂直度、表面粗糙度要求。 （2）锐角去毛刺
2	加工凸件	3. 划线	划出凸件全部加工线
2	加工凸件	4. 钻孔	钻工艺孔
2	加工凸件	5. 加工右上角	按划线锯削右侧排料，粗锉两垂直面，精锉至图纸尺寸要求，并满足平面度、垂直度、表面粗糙度要求
2	加工凸件	6. 加工左上角	按划线锯削左侧排料，粗锉两垂直面，精锉至图纸尺寸要求，并满足平面度、垂直度、表面粗糙度要求
2	加工凸件	7. 去毛刺、复检	各锐边去毛刺。全面检测工件的平面度、垂直度、对称度、尺寸精度，并做必要修正

续表

序号	加工步骤	具体加工内容及要求	
3	加工凹件	1. 检测、修整毛坯	检测毛坯尺寸，锉削修整相邻直角边作为基准，保证平面度、垂直度、表面粗糙度要求
		2. 锉削长方体	（1）划线并锉削长方体，尺寸至 $60_{-0.05}^{\ 0}$ mm×$34_{-0.04}^{\ 0}$ mm，保证平面度、垂直度、表面粗糙度要求。 （2）锐角去毛刺
		3. 划线	划出凹件全部加工线
		4. 钻孔	钻工艺孔和排料孔
		5. 排料并粗锉凹槽	锯削去除余料，粗锉凹槽各表面，留精加工余量
		6. 锉配槽宽	（1）先精加工凹槽左侧面，保证尺寸及垂直度、平行度、表面粗糙度要求。 （2）以凹槽左侧面为基准，用凸件锉配右侧面，试配凹槽宽度至间隙达到要求为止，并保证垂直度、平行度和表面粗糙度达到要求
		7. 锉配槽深	以凹槽两侧面为导向，用凸件锉配底面，试配凹槽深度至槽底间隙和两肩间隙达到要求为止，并保证垂直度、平行度和表面粗糙度达到要求
		8. 去毛刺、复检	各锐边去毛刺。全面检测工件的平面度、垂直度、对称度、尺寸精度，并做必要修正
4	锉配修正	对凸、凹件进行锉配修正，达到图纸要求	

表 4-9　　凹凸体锉配件加工注意事项

注意事项	常见错误
1. 因为采用间接测量来保证尺寸和对称度要求，因此必须进行正确计算和测量，才能得到所要求的精度。 2. 加工凸件时，应先去掉一垂直角角料，待加工至要求的尺寸公差后，才去掉另一垂直角角料。 3. 在加工过程中，一定要保证锉削平面的平面度以及和大平面的垂直度，才能达到配合精度要求。为达到配合后互换精度，在凸、凹件各面加工时，必须把垂直度误差控制在最小范围内。如果凸、凹件没有控制好垂直度，互换配合就会出现很大间隙。 4. 在锉配加工时一般不加工凸件，否则会失去凸件的精度，使锉配失去基准，造成锉配难以进行。 5. 在锉配凹件时，必须先锉一侧面，根据凹件 60mm 处的实际尺寸，通过控制槽宽 24mm 的尺寸误差值来达到配合后的对称度要求。 6. 锉削的平面在微观上总是存在一些高点，正是这些高点使得凸件、凹件相互配合时产生挤压，阻碍工件的相对移动，挤压处产生压痕，形成阻碍点，再次配合时应先锉掉这些压痕（阻碍点）。 7. 要找出工件配合时真正的阻碍点，应把工件面对光线，沿着配合路径，逐处检查判断。特别要注意排除假象，如果对边或清角不彻底，会造成向近边的压力，形成近边的压痕，问题由对边引起，这时如果修近边，则间隙会越来越大。 8. 几何误差对锉配质量影响很大，它会存在在所有的工件中。 9. 在试配过程中，不允许用锤子敲击，防止损伤配合件。	1. 未控制好垂直度、平行度、平面度和对称度，导致互换后配合质量差，严重时配合困难。 2. 各锉削面与大平面的垂直度误差过大会导致两件配合后两平面扭曲

5 钳工实训成绩评定

钳工实训成绩由实训过程评价成绩、复合作业考核成绩、实训报告成绩三部分组成。其中，过程评价成绩占40%，复合作业考核成绩占40%，实训报告成绩占20%。

5.1 实训过程评价

(1) 实训期间工作表现评价。包括考勤情况、衣着穿戴、行为秩序、安全意识、卫生状态、工作态度、与人沟通、独立思考、勇于发言、综合分析问题和解决问题的能力等。

(2) 实训各阶段作业文件完整。包括下料检测评价表、长方体检测评价表、锤孔检测评价表、锤头检测评价表、锤尾检测评价表、精加工与砂光检测评价表，见附表2～附表7。

(3) 钳工基本操作技能和职业素养评价，见附表12。

5.2 复合作业考核

复合作业考核是根据工件图对工件进行评分。评分标准参照扁尾锤评分标准、V形铁块评分标准、钟表锤及手柄评分标准、凹凸体锉配件评分标准，见附表1、附表9～附表11。

5.3 实训报告

按要求撰写实训报告，字迹工整，认识深刻。

实训总评成绩表见附表13。

否定项：旷课一天、违反教学纪律三次以上且无改正、发生重大责任事故、严重违反校纪校规者，实训成绩不及格。

附　　录

附表 1

扁尾锤评分标准

班级		学号		姓名		日期	

序号	考核项目	考核内容及要求		配分	考核标准	得分
1	尺寸	外形	20±0.2（2 处）	14	超差不得分	
2			107±0.5	4		
3		锤孔	39±0.2	3		
4		锤头	27±0.2（4 处）	4		
5		锤尾	3±0.2	2		
6			16±0.2	2		
7			57±0.2	2		
8	锤孔	ϕ8×（16±0.5）		2		
9	锤头小斜面	45°±5°（4 处）		4		
10	锤尾小斜面	30°±5°		3		
11	锤孔对称度	锤孔中心偏移量≤0.5mm		3		
12	锤头对称度	各边宽差值≤0.1mm		3		
13	平面度	▱ 0.1（全部外表面）		12		
14	平行度	// 0.1 A		2		
15	垂直度	⊥ 0.1 A		10		
16	表面粗糙度	Ra3.2μm		10		
17	整体外形	形状完整、无缺陷		10	酌情扣分	
18		轮廓线清晰、流畅，外形美观		10		
合计				100		

附表 2　　　**下料检测评价表**

班级		学号		姓名		工时		日期	
团队名称				团队负责人					
团队成员									

序号	检测项目	检测内容	分值	自检（50%）	互检（50%）	得分
1	尺寸	110±1	25			
2	平面度	⏥ 0.1	10			
3	垂直度	⊥ 0.1 A	15			
4	操作过程	工件夹持方法正确	5			
		加工步骤正确	10			
		姿势正确，动作协调	10			
5	职业素养	工具定位摆放整齐	10			
		安全文明操作	10			
		团结协作	5			
合计			100			

	学到的知识与技能	存在的不足及努力的方向
自我评价		
团队评价		

附表 3 **长方体检测评价表**

<table>
<tr><td>班级</td><td></td><td>学号</td><td></td><td>姓名</td><td></td><td>工时</td><td></td><td>日期</td><td></td></tr>
<tr><td>团队名称</td><td colspan="3"></td><td colspan="2">团队负责人</td><td colspan="4"></td></tr>
<tr><td>团队成员</td><td colspan="9"></td></tr>
</table>

<table>
<tr><td>序号</td><td>检测项目</td><td>检测内容</td><td>配分</td><td>自检（50%）</td><td>互检（50%）</td><td>得分</td></tr>
<tr><td rowspan="2">1</td><td rowspan="2">尺寸</td><td>$20^{+0.2}_{0}$（2 处）</td><td>20</td><td></td><td></td><td></td></tr>
<tr><td>$107^{+0.5}_{0}$</td><td>5</td><td></td><td></td><td></td></tr>
<tr><td rowspan="3">2</td><td>平面度</td><td>▱ 0.1（6 处）</td><td>12</td><td></td><td></td><td></td></tr>
<tr><td>平行度</td><td>// 0.1 A</td><td>5</td><td></td><td></td><td></td></tr>
<tr><td>垂直度</td><td>⊥ 0.1 A（4 处）</td><td>8</td><td></td><td></td><td></td></tr>
<tr><td rowspan="5">3</td><td rowspan="5">操作过程</td><td>工件夹持方法正确</td><td>5</td><td></td><td></td><td></td></tr>
<tr><td>工具使用方法正确</td><td>5</td><td></td><td></td><td></td></tr>
<tr><td>姿势正确，动作协调</td><td>5</td><td></td><td></td><td></td></tr>
<tr><td>工件测量方法正确</td><td>5</td><td></td><td></td><td></td></tr>
<tr><td>加工步骤正确</td><td>5</td><td></td><td></td><td></td></tr>
<tr><td rowspan="3">4</td><td rowspan="3">职业素养</td><td>工具定位摆放整齐</td><td>10</td><td></td><td></td><td></td></tr>
<tr><td>安全文明操作</td><td>10</td><td></td><td></td><td></td></tr>
<tr><td>组员间团结协作</td><td>5</td><td></td><td></td><td></td></tr>
<tr><td colspan="3">合计</td><td>100</td><td></td><td></td><td></td></tr>
</table>

	学到的知识与技能	存在的不足及努力的方向
自我评价		
团队评价		

附表 4　　**锤孔检测评价表**

班级		学号		姓名		工时		日期	
团队名称				团队负责人					
团队成员									

序号	检测项目	检测内容	配分	自检（50%）	互检（50%）	得分
1	尺寸	$39^{+0.2}_{0}$	10			
		$\phi8\times(16\pm0.5)$	10			
2	锤孔对称度	孔中心偏移量≤0.5mm	10			
3	外形	轮廓线清晰、流畅	10			
		形状完整、无缺陷	10			
4	操作过程	工件夹持方法正确	5			
		工具使用方法正确	5			
		姿势正确，动作协调	5			
		工件测量方法正确	5			
		加工步骤正确	5			
5	职业素养	工具定位摆放整齐	10			
		安全文明操作	10			
		组员间团结协作	5			
合计			100			

	学到的知识与技能	存在的不足及努力的方向
自我评价		
团队评价		

附表 5 **锤头检测评价表**

班级		学号		姓名		工时		日期	
团队名称				团队负责人					
团队成员									

序号	检测项目	检测内容	配分	自检（50%）	互检（50%）	得分
1	尺寸	$27^{+0.2}_{0}$（4 处）	8			
	小斜面	45°±5°（4 处）	12			
2	平面度	⏥ 0.1	10			
	对称度	正八棱柱各面宽差值≤0.1mm	10			
3	外形	棱线清晰、流畅 形状完整、无缺陷 外形对称、美观	10			
4	操作过程	加工步骤正确	10			
		划线方法正确，线条清晰	5			
		工件夹持方法正确	5			
		姿势正确，动作协调	5			
5	职业素养	工具定位摆放整齐	10			
		安全文明生产	5			
		能耐心细致，精益求精	5			
		具有应用及创新能力	5			
合计			100			

	学到的知识与技能	存在的不足及努力的方向
自我评价		
团队评价		

附表 6

锤尾检测评价表

<table>
<tr><td>班级</td><td></td><td>学号</td><td></td><td>姓名</td><td></td><td>工时</td><td></td><td>日期</td><td></td></tr>
<tr><td>团队名称</td><td colspan="4"></td><td colspan="2">团队负责人</td><td colspan="3"></td></tr>
<tr><td>团队成员</td><td colspan="9"></td></tr>
</table>

<table>
<tr><td>序号</td><td>检测项目</td><td>检测内容</td><td>配分</td><td>自检（50%）</td><td>互检（50%）</td><td>得分</td></tr>
<tr><td rowspan="3">1</td><td rowspan="3">尺寸</td><td>$3^{+0.2}_{0}$</td><td>5</td><td></td><td></td><td></td></tr>
<tr><td>$16^{+0.2}_{0}$</td><td>5</td><td></td><td></td><td></td></tr>
<tr><td>$57^{+0.2}_{0}$</td><td>5</td><td></td><td></td><td></td></tr>
<tr><td rowspan="3">2</td><td>小斜面</td><td>30°±5°</td><td>5</td><td></td><td></td><td></td></tr>
<tr><td>平面度</td><td>⏥ 0.1 （2 处）</td><td>10</td><td></td><td></td><td></td></tr>
<tr><td>垂直度</td><td>⊥ 0.1 A （2 处）</td><td>10</td><td></td><td></td><td></td></tr>
<tr><td>3</td><td>外形</td><td>形状完整，无缺陷
轮廓线清晰，外形美观</td><td>10</td><td></td><td></td><td></td></tr>
<tr><td rowspan="4">4</td><td rowspan="4">操作过程</td><td>加工步骤正确</td><td>10</td><td></td><td></td><td></td></tr>
<tr><td>划线方法正确，线条清晰</td><td>5</td><td></td><td></td><td></td></tr>
<tr><td>工件夹持方法正确</td><td>5</td><td></td><td></td><td></td></tr>
<tr><td>姿势正确，动作协调</td><td>5</td><td></td><td></td><td></td></tr>
<tr><td rowspan="4">5</td><td rowspan="4">职业素养</td><td>工具定位摆放整齐</td><td>10</td><td></td><td></td><td></td></tr>
<tr><td>安全文明操作</td><td>5</td><td></td><td></td><td></td></tr>
<tr><td>能耐心细致，精益求精</td><td>5</td><td></td><td></td><td></td></tr>
<tr><td>具有应用及创新能力</td><td>5</td><td></td><td></td><td></td></tr>
<tr><td colspan="3">合计</td><td>100</td><td></td><td></td><td></td></tr>
</table>

	学到的知识与技能	存在的不足及努力的方向
自我评价		
团队评价		

附表7 **精加工与砂光检测评价表**

班级		学号		姓名		工时		日期	
团队名称				团队负责人					
团队成员									

序号	检测项目	检测内容		配分	自检（50%）	互检（50%）	得分
1	尺寸	外形	20±0.2（2处）	8			
			107±0.5	1			
		锤孔	39±0.2	2			
		锤头	27±0.2（4处）	2			
		锤尾	3±0.2	1			
			16±0.2	1			
			57±0.2	1			
	锤孔	ϕ8×（16±0.5）		1			
	锤头小斜面	45°±5°（4处）		2			
	锤尾小斜面	30°±5°		1			
2	锤孔对称度	锤孔中心偏移量≤0.5mm		2			
	锤头对称度	各边宽差值≤0.1mm		2			
	平面度	⏥ 0.1（全部外表面）		5			
	平行度	// 0.1 A		1			
	垂直度	⊥ 0.1 A		5			
	表面粗糙度	Ra3.2μm		5			
3	外形	形状完整，无缺陷 轮廓线清晰，外形美观		10			
4	操作过程	加工步骤正确		10			
		划线方法正确，线条清晰		5			
		工件夹持方法正确		5			
		姿势正确，动作协调		5			
5	职业素养	工具定位摆放整齐		10			
		安全文明操作		5			
		能耐心细致，精益求精		5			
		具有应用及创新能力		5			
合计				100			

	学到的知识与技能	存在的不足及努力的方向
自我评价		
团队评价		

附表 8　　**钳工实训报告**

院（系）		专业班级		姓名		学号	
实训日期		实训地点		指导教师			
一、实训目的							
二、实训内容							
（一）钳工基本技能 （二）安全文明生产习惯							

续表

（三）工件制作

1. 工件名称及工件图

2. 工件加工步骤

续表

三、实训小结（允许附页）
（一）工件加工过程中遇到的问题、工件存在的质量缺陷及原因分析   （二）避免质量缺陷的建议

续表

（三）个人感悟 （包括但不限于对实训过程中本人或团队其他成员经历的不同成功与失败案例进行对比剖析，领悟并认识敬业耐劳、尊重规则、团队协作、崇尚卓越等职业道德与素质在个人职业发展和事业成功中的重要性，以及自我培养良好职业道德与注重日常职业素质养成的必要性。鼓励在报告中就本实训项目的学习提出技术与方法等各方面进一步改进的思路与具体方案。要求不少于500字）

附表 9　　　　**V 形铁块评分标准**

<table>
<tr><td>班级</td><td></td><td>学号</td><td></td><td>姓名</td><td></td><td>日期</td><td></td></tr>
<tr><td>序号</td><td>考核项目</td><td colspan="2">考核内容及要求</td><td>配分</td><td>考核标准</td><td colspan="2">得分</td></tr>
<tr><td>1</td><td rowspan="5">尺寸</td><td rowspan="3">外形</td><td>48±0.2</td><td>5</td><td rowspan="11">超差不得分</td><td colspan="2"></td></tr>
<tr><td>2</td><td>24±0.2</td><td>5</td><td colspan="2"></td></tr>
<tr><td>3</td><td>18±0.2</td><td>5</td><td colspan="2"></td></tr>
<tr><td>4</td><td>孔</td><td>14±0.2</td><td>5</td><td colspan="2"></td></tr>
<tr><td>5</td><td>V 形槽</td><td>20±0.2</td><td>15</td><td colspan="2"></td></tr>
<tr><td>6</td><td>V 形槽角度</td><td colspan="2">90°±5°</td><td>15</td><td colspan="2"></td></tr>
<tr><td>7</td><td>孔对称度</td><td colspan="2">孔中心偏移量≤0.5mm</td><td>5</td><td colspan="2"></td></tr>
<tr><td>8</td><td>平面度</td><td colspan="2">⏥ 0.1 （全部外表面）</td><td>12</td><td colspan="2"></td></tr>
<tr><td>9</td><td>平行度</td><td colspan="2">// 0.1 A</td><td>3</td><td colspan="2"></td></tr>
<tr><td>10</td><td>垂直度</td><td colspan="2">⊥ 0.1 A （6 处）</td><td>10</td><td colspan="2"></td></tr>
<tr><td>11</td><td>表面粗糙度</td><td colspan="2">Ra3.2μm</td><td>10</td><td colspan="2"></td></tr>
<tr><td rowspan="2">12</td><td rowspan="2">整体外形</td><td colspan="2">形状完整，无缺陷</td><td rowspan="2">10</td><td rowspan="2">酌情扣分</td><td colspan="2" rowspan="2"></td></tr>
<tr><td colspan="2">轮廓线清晰，外形美观</td></tr>
<tr><td colspan="4">合计</td><td>100</td><td></td><td colspan="2"></td></tr>
</table>

附表 10 **钟表锤评分标准**

班级			学号		姓名		日期
序号	考核项目			考核内容及要求	配分	考核标准	得分
1	尺寸	锤体	外形	14±0.2（2处）	8	超差不得分	
2				78±0.2	2		
3			锤头	ϕ(11±0.2)	2		
4				ϕ(8±0.2)	2		
5				23±0.2	2		
6				6±0.2	2		
7			锤尾	28±0.2	2		
8				35±0.2	2		
9				2±0.2	2		
10				10±0.2	2		
11			螺纹孔	29±0.2	3		
12				M6	3	不合格不得分	
13		手柄		M6	3		
14				150±0.5	3	超差不得分	
15				20±0.5	2		
16	锤孔对称度			锤孔中心偏移量≤0.2mm	4		
17	锤头横向对称度			锤头横向偏移量≤0.2mm	4		
18	锤头圆度			○ 0.1	4		
19	锤头素线直线度			— 0.1	4		
20	平面度			▱ 0.1 （8处）	8		
21	平行度			// 0.1 A	2		
22	垂直度			⊥ 0.1 A	4		
23	表面粗糙度			$Ra3.2\mu m$	10		
24	整体外形			牙形完整，外形完整、无缺陷	10	酌情扣分	
25				轮廓线清晰、流畅 外形美观	10		
合计					100		

附表 11　凹凸体锉配件评分标准

序号	考核内容及要求	配分	实得分
1	$60_{-0.05}^{0}$（2 处）	10	
2	$32_{-0.04}^{0}$	5	
3	$16_{-0.03}^{0}$（2 处）	10	
4	$24_{-0.03}^{0}$	7	
5	$34_{-0.04}^{0}$	5	
6	[⌯ | 0.05 | *A*]	4	
7	[⌯ | 0.05 | *B*]	4	
8	$\phi 3$（4 处）	4	
9	$Ra3.2$（16 处）	8	
10	配合（正反）间隙≤0.04（10 处）	20	
11	50±0.03	5	
12	[⏥ | 0.05]（4 处）	8	
13	安全文明生产	10	
合计		100	

附表 12 钳工基本操作技能和职业素养评价表

班级		学号		姓名		日期	
序号	评价项目	评价内容	评价要求			配分	得分
1	基本操作技能	测量与划线	工件测量方法正确			2	
			工具使用方法正确			2	
			操作姿势正确，动作协调			2	
			划线步骤正确			2	
			线条清晰，均匀，无重影			1	
			工具定位摆放整齐			1	
2		锯削操作	工件夹持方法正确			5	
			起锯操作正确			5	
			操作姿势正确，动作协调			10	
			工具定位摆放整齐			5	
3		锉削操作	工件夹持方法正确			5	
			握锉方法正确			5	
			操作姿势正确，动作协调			5	
			工件测量方法正确			5	
			工具定位摆放整齐			5	
4		钻孔操作	打样冲眼姿势正确，冲眼位置正确			3	
			工件夹持方法正确			2	
			钻孔操作步骤正确			3	
			操作姿势正确，动作协调			2	
5	职业素养	工艺作风	着装规范			5	
			工位整洁，工具摆放正确			5	
			遵守劳动纪律和安全操作规程			5	
			能吃苦耐劳，精益求精			5	
6		团结协作能力	具有团结协作精神			5	
7		应用及创新能力	具有应用及创新能力			5	
合计						100	

附表 13 **实训总评成绩表**

<table>
<tr><td>班级</td><td></td><td colspan="1">学号 | | 姓名 | </td><td>日期</td><td></td></tr>
<tr><td>序号</td><td>考核项目</td><td>考核内容及要求</td><td>配分</td><td>得分</td></tr>
<tr><td rowspan="3">1</td><td rowspan="3">过程评价</td><td>实训期间工作表现良好</td><td>10</td><td></td></tr>
<tr><td>实训各阶段作业文件完整（见附表 2～附表 7）</td><td>10</td><td></td></tr>
<tr><td>基本操作技能和职业素养评价（见附表 13）</td><td>20</td><td></td></tr>
<tr><td>2</td><td>复合作业</td><td>评分标准，见附表 1 和附表 9～附表 11</td><td>40</td><td></td></tr>
<tr><td rowspan="3">3</td><td rowspan="3">实训报告</td><td>态度端正，字迹工整</td><td>5</td><td></td></tr>
<tr><td>工艺流程规范</td><td>5</td><td></td></tr>
<tr><td>内容真实，认识深刻</td><td>10</td><td></td></tr>
<tr><td colspan="3">合计</td><td>100</td><td></td></tr>
</table>

参 考 文 献

[1] 赵福军．金工实训．北京：中国电力出版社，2013.
[2] 姚军．钳工基本技能实训．北京：高等教育出版社，2018.
[3] 吴多华，赵长祥．应用钳工基础．北京：中国电力出版社，2004.
[4] 贺勃．金工实训. 天津：天津科学技术出版社，2018.
[5] 徐廷国．钳工操作技术．北京：化学工业出版社，2018.